Vom quantitativen zum qualitativen Naturbild

# Europäische Hochschulschriften

Publications Universitaires Européennes
European University Studies

**Reihe XX**
**Philosophie**

Série XX Series XX
Philosophie
Philosophy

**Bd./Vol. 680**

PETER LANG
Frankfurt am Main · Berlin · Bern · Bruxelles · New York · Oxford · Wien

Jong-Min Na

# Vom quantitativen zum qualitativen Naturbild

## Die naturphilosophische Grundlage des Naturbegriffs in der modernen Naturwissenschaft

PETER LANG
Europäischer Verlag der Wissenschaften

**Bibliografische Information Der Deutschen Bibliothek**
Die Deutsche Bibliothek verzeichnet diese Publikation in der Deutschen Nationalbibliografie; detaillierte bibliografische Daten sind im Internet über <http://dnb.ddb.de> abrufbar.

Zugl.: Trier, Univ., Diss., 2003

D 385
ISSN 0721-3417
ISBN 3-631-52488-9



www.peterlang.de

# Vorwort

*Ich gehöre zu jenen, die glauben, dass die*
*Wissenschaft etwas sehr Schönes ist.*
*Vor den Geheimnissen der Natur steht*
*der Wissenschaftler mit der gleichen Andacht*
*wie ein Kind vor einem schönen Märchen.*
Marie Curie (1867-1934)

Die vorliegende Arbeit wurde im Wintersemester 2002/2003 vom Fachbereich I der Universität Trier als Dissertation angenommen.
An dieser Stelle möchte ich den Personen danken, die zum Entstehen dieser Arbeit beigetragen haben. Besonders herzlich danke ich meinem ersten Gutachter, Herrn Professor Dr. Klaus Fischer, der mir die Anregung für meine Doktorarbeit gegeben, mich mannigfach unterstützt hat und selbständiges Weiterdenken in der Philosophie ermunterte. Weiter habe ich meinem zweiten Gutachter, Herrn Professor Dr. Anselm W. Müller für die vielen kritischen Anregungen bei seinem Kolloquium zu danken. Ohne diese Anregung wäre die Arbeit nicht zustande gekommen.
Danken möchte ich an dieser Stelle auch Herrn H.D. Dr. Jochen Wengenroth und apl. Professor Jürgen Müller vom Fach Mathematik in der Universität Trier für ihre freundliche Unterstützung. Ihre kritischen Bemerkungen und wissenschaftliche Anteilnahme trugen zu einer ver- besserten Neufassung des Gedankengangs dieser Arbeit bei.
Mein herzlicher Dank gehört auch Herrn M.A. Gerhard Jäckels Mitarbeiter vom Fach Philosophie der Universität Trier, Herrn Dr. Dirk Hegermann und Herrn M.A. Jan Seifert und Herrn M.A. Johannes Hewig vom Fach Psychologie der Universität Trier, die mir zu dem gesamten Manuskript eine Reihe wichtiger und konkreter Vorschläge zur klareren Darstellung gemacht haben.
Schließlich danke ich aufrichtig dem Präsidium der Universität Trier für das Stipendium, durch das diese Arbeit finanziell unterstützt werden konnte.

**Inhaltsverzeichnis**

## 0. Einleitung

Drei Jahrhunderte sind seit Newtons ‚Principia mathematica' verflossen. Die Naturwissenschaft hat sich mittlerweile unglaublich rasch entwickelt nicht nur im quantitativen, sondern auch im qualitativen Sinne. Die von dieser Erweiterung herkommende Auswirkung reicht weit über die Naturwissenschaft im engeren Sinne hinaus und beeinflusst zugleich unser Naturbild unmittelbar: Die Entwicklung der Naturwissenschaft fordert die Veränderung unseres Naturbildes. Es gibt daher einen engen Zusammenhang zwischen der Entwicklung der Naturwissenschaft und der Veränderung des Naturbildes.

Die Aufgabe der Naturwissenschaft ist, die regelmäßigen Bewegungen der Natur gesetzlich zu formulieren. Unter diesen gesetzlichen Formulierungen gibt es zwei Arten; die eine beruht auf einer linearen Differentialgleichung und die andere auf einer nichtlinearen rückgekoppelten Gleichung. Die erste Formulierung hat folgende Eigenschaft: Sobald die Anfangsbedingungen gegeben sind, bestimmen diese Gesetze für alle Zeit die Zukunft, so wie sie die Vergangenheit bestimmt haben. Die Bewegungen in dieser Formulierung sind zeitreversibel, weil wir immer das gleiche Resultat unabhängig davon bekommen, ob wir mit der Vergangenheit oder mit der Zukunft anfangen. Wegen dieser Zeitreversibilität können sich die Ver -gangenheit und die Zukunft in der deterministischen Formulierung nicht voneinander unterscheiden. Auf diese Weise vorgestellte Natur erscheint als eine Maschine, als ein Uhrwerk. Bei diesem Naturbild wurde die quantitative Eigenschaft der Natur berücksichtigt.

Unser wissenschaftliches Interesse an der Natur beschränkt sich aber nicht nur auf diese ‚einfache mechanische Bewegung' der Natur, sondern orientiert sich auch an der ‚Komplexität' der Natur, besonders der ‚Entstehung des Neuen' und an den qualitativen Eigenschaften der Natur. Dieses wissenschaftliche Interesse ist umso begründeter, als es offensichtlich viele komplexe Vorgänge in der Natur gibt. Aber die neue Ordnung bei diesen Vorgängen (die Ordnung der Komplexität oder die Ordnung der Entstehung des Neuen) kann man mit Hilfe der oben genanten Formulierung nicht erklären, weil diese Vorgänge auf nichtlinearen Gleichungen beruhen. Die Naturvorgänge, die durch diese Formulierung beschrieben werden, sind normalerweise offene und nichtlineare Systeme. Wegen dieser Eigenschaften ist ihre Zeitrichtung irreversibel: Wir können gemäß der Informationen der Gegenwart die Zukunft nicht mehr genau vorhersagen. Das klassische Ideal der Allwissenheit ist somit nicht mehr zu halten. Die Zukunft ist mehr als die Summe der Vergangenheit.

Diese Formulierung bringt einen einschneidenden Wandel des Naturbildes mit sich. Im Vergleich zum deterministischen Naturbild zeigt die neue Formulierung ein ganz neues Naturbild: Die Natur entspricht nicht einer Maschine, sondern einem ‚schöpferischen Wesen', das die Entstehung des Neuen beinhaltet. Die neuen naturwissenschaftlichen Theorien, die durch diese Formulierung angesprochen werden, eröffnen daher eine neue Sicht der Natur. So entwickeln sich die naturwissenschaftlichen Theorien von der quantitativen zur qualitativen Betrachtung der Natur. Demgemäss wandelt sich unser Naturbild von einem quantitativen zu einem qualitativen. Dies ist die grundlegende These dieses Buches. In folgender Arbeit wird diese Behauptung auf Grund der Betrachtung und der Analyse der herkömmlichen naturwissenschaftlichen Theorien belegt werden.

Diese Arbeit gliedert sich in fünf Kapitel. Im ersten Kapitel geht es um den Zusammenhang zwischen Natur, Naturwissenschaft und Naturphilosophie. Da die Natur der Gegenstand der Naturwissenschaft und die Entwicklung der Naturwissenschaft eine der wichtigsten Ursachen der Veränderung des Naturbildes ist, und da die Naturphilosophie das allgemeine Streben nach Verständnis der Natur oder die Suche nach dem allgemeinen Naturbild zur Aufgabe hat, betrachten wir im ersten Kapitel diesen Zusammenhang.

Das zweite Kapitel befasst sich mit den naturwissenschaftlichen Theorien (der Newtonschen Mechanik, der Thermodynamik, der Quantentheorie, der Chaostheorie und der Theorie der Selbstorganisation). Da für die Bestimmung der Veränderung des Naturbildes eine gewisse naturwissenschaftliche Kenntnis benötigt wird, fassen wir in diesem Kapitel die Theorien in der herkömmlichen naturwissenschaftlichen Sichtweise zusammen.

Im dritten Kapitel analysieren wir die Theorien im Hinblick auf die Zeitrichtung. Da die Zeitrichtung eine der inneren Strukturen einer Theorie zeigen kann, können wir gemäß dieses Verfahrens bestimmen, welche Theorie zeitlich reversibel bzw. irreversibel ist. Mit diesen Ergebnissen können wir den wichtigsten Unterschied zwischen dem quantitativen und dem qualitativen Naturbild bestimmen.

Die Zeitirreversibilität ist dennoch nicht hinreichend für diese Bestimmung. Eine Theorie muss für eine solche Bestimmung noch weitere Bedingungen erfüllen. Welsche dies sind, wird im vierten Kapitel geschildert.

Mit der philosophischen Bedeutung der Veränderung des Naturbildes, die auf der Entwicklung der naturwissenschaftlichen Theorien beruht, werden wir uns im fünften Kapitel beschäftigen.

## I. Natur, Naturwissenschaft und Naturphilosophie

Die Aufgabe der Naturwissenschaft[1], die ein Sammelbegriff aller naturwissenschaftlichen Theorien ist, ist die Erforschung der Natur mit der Hilfe der empirischen Methode.[2] Die Bedeutung der Natur als der Gegenstand der Naturwissenschaft ist dennoch nicht einfach, obwohl wir im Alltagsleben häufig über die Natur reden. In der Naturwissenschaft bedeutet sie ein Sammelbegriff zur Bezeichnung von Bereichen der Wirk- lichkeit, die ohne menschliches Zutun entstehen. Trotzdem gibt es zur ontologischen Frage, ob die Natur von uns wirklich unabhängig sein kann, verschiedene Ansichten. Dennoch ist die Ansicht über die erkenntnis- theoretische Seite, d. h. über den Zusammenhang zwischen der Natur und der Naturerforschung, den man die Naturwissenschaft nennt, relativ klar: Die Erforschung der Natur ist nicht unabhängig vom Erforscher. Die Naturwissenschaftler erforschen die Natur mit Hilfe der empirischen Methode, die von den erkenntnistheoretischen Systemen abhängig ist. Daher besteht die Naturwissenschaft aus zwei Seiten; der ontologischen oder objektiven Seite und der erkenntnistheoretischen oder subjektiven Seite. Nehmen wir als Beispiel unsere Beobachtung der Natur. Für die Erforschung des Mesokosmos, der von uns ‚direkt' wahrnehmbaren oberflächlichen Züge der Welt der mittleren Größenordnung, wird ein menschliches biologisches Erkenntnissystem schon voraussetzt. Darüber hinaus ist der größte Teil der Natur nur mit ‚indirekten' Verfahren der menschlichen Erkenntnis zugänglich: Mikrokosmos und Makrokosmos sind nur durch abstrakte theoretische Konstruktion erfassbar. Die Erforschung der Natur und damit auch die Ergebnisse dieser Erforschung, die Naturwissenschaft, ist daher vom Menschen abhängig. Wir können ‚nur' auf diese Weise die Natur erfahren und sie uns vorstellen. „Die Natur ist niemals Natur im Sinne des Ursprünglichen oder dessen, was von selbst da ist, sondern ein kulturelles oder geschichtliches

---

[1] Die Naturwissenschaft ist der Oberbegriff für die empirische Wissenschaft, die sich mit der Erforschung der Natur, ihren Gesetzen und den Voraussetzungen technischer Anwendungen beschäftigt. Vgl. K. Mainzer, *Naturwissenschaft,* 1984, S. 977.

[2] Obwohl diese Erforschung schon in der Antike beginnt, fängt die ‚vollständige empirisch systematische' Naturwissenschaft erst mit Newton an. Vor Newton gab es schon die empirischen Naturforschungen von Galilei und Kepler. Aber ihre Naturforschungen waren nicht umfassend. Bei ihren Theorien ging es um begrenzte Naturvorgänge. Newtons Theorien enthalten zuerst eine vollständige Mechanik. Er ist daher der Hauptvertreter einer experimentellen Naturwissenschaft im 17. Jahrhundert. Vgl. K. Fischer, *Isaac Newton und das verlorene Wissen der Alten*, 2002, S. 41.

Produkt der Arbeit der vergangenen Generationen.“[3] Deshalb betrachten wir die begrifflich erfasste Natur als ein Ergebnis der besonderen Wechselwirkung zwischen einem subjektiven Erkenntnissystem und einer nach unserem Interesse aus gewählten Objektklasse.

Daher ist die Vorstellung von der Natur nicht festgelegt, weil man je nach dem Forschungsinteresse einen anderen Teilbereich der Natur sieht. Bei der Newtonschen Mechanik sind die sichtbaren Körper Bezugsobjekt, bei der Thermodynamik Gasmoleküle, bei der Quantentheorie die mikroskopichen Objekte und bei der Chaostheorie sowie der Theorie der Selbstorganisation die offenen Systeme. Jede naturwissenschaftliche Theorie besitzt verschiedene Bezugsobjekte und demgemäss verschiedene Erkenntnissysteme.

Beide (Bezugsobjekt und Erkenntnissystem) bilden jeweils gemeinsam die verschiedenen Vorstellungen von der Natur. Daher sagte Kanitscheider: „Es wäre wünschenswert, wenn wir Theorien wie Perspektiven handhaben können, die uns jeweils einen Aspekt der Natur entschlüsseln.“ [4] Die unterschiedlichen naturwissenschaftlichen Theorien entschlüsseln die unterschiedlichen Aspekte der Natur und dienen den verschiedenen Naturvorstellungen.

Wenn alle naturwissenschaftlichen Theorien ‚nur' verschiedene parallel existierende Aspekte der Natur zeigen, wie können wir mit diesen Naturvorstellungen umgehen? Um diese Frage zu beantworten, benötigen wir den Begriff der ‚Naturphilosophie.'[5]

Während die Naturwissenschaft sich nur der empirischen Methode bedient und die Gesetzmäßigkeit ihrer Gegenstände sucht, bildet die Naturphilosophie eine Naturvorstellung zu einer gesetzmäßigen Theorie und gibt darüber hinaus eine zusammenhängende synthetische Interpretation für verschiedene Naturvorstellungen an: Die Naturphilosophie sucht ein kohärentes, umfassendes und integriertes Bild der Natur auf Grund der naturwissenschaftlichen Theorien. In diesem Sinne geht die Naturphilosophie

---

[3] G. Böhme, *Einführung in die Philosophie*, 1998, S. 85.

[4] B. Kanitscheider, *In Innern der Natur*, 1996, S. 19.

[5] Die ‚Naturphilosophie' ist etwas anderes als ‚Wissenschaftswissenschaft (Science of Science)' und ‚Wissenschaftstheorie (Philosophy of Science)'. Nach Michael Drieschner ist die Wissenschaftswissenschaft ‚Geschichte der Naturwissenschaft'. Die Wissenschaftstheorie beschäftigt sich mit der Methode der Naturwissenschaft auf der Grundlage der analytischen Philosophie. Im Vergleich dazu beschäftigt sich die Naturphilosophie mit der Interpretation oder Bedeutung der naturwissenschaftlichen Theorien. In unserer Arbeit folgen wir der Definition Drieschners. Vgl. M. Drieschner, *Einführung in die Naturphilosophie*, 1981, S. 2ff.

über die rein empirische physikalische Theorie hinaus. „Das Naturbild ist die synthetische Verallgemeinerung eines faktischen Zusammenhangs über den Geltungs- bzw. Anwendungsbereich einer bewährten einzelwissen schaftlichen Theorie."[6]

Diese Tatsache, dass die Naturphilosophie auf den faktischen naturwissenschaftlichen Theorien beruhen muss[7], führt zuerst zu den verschiedenen Naturvorstellungen je nach den verschiedenen naturwissenschaftlichen Theorien: Jede naturwissenschaftliche Theorie hat ihren spezifischen Naturbereich als Gegenstand und demzufolge ihr spezifisches Erkenntnis - system. Folglich kann zu jeder naturwissenschaftlichen Theorie eine ihr eigene Naturvorstellung entworfen werden. Aber die Naturphilosophie dient nicht nur zu diesem, sondern auch einem noch allgemeineren Zweck: Wir können die verschiedenen Naturvorstellungen vergleichen und das noch allgemeinere Naturbild suchen.

Dies lässt sich anhand der Naturphilosophie der Antike demonstrieren, die die erste Form der Naturforschung in der Geschichte der Philosophie ist. Die damaligen Philosophen beschäftigen sich mit dem ursprünglichen Prinzip in dieser Welt oder dem Wesen der Natur. Für sie ist das Wesen der Natur die ‚Veränderung' oder ‚Bewegung'[8], obwohl es hierzu auch andere Ansichten gibt[9]. Sie unterscheiden verschiedene Bewegungen, besonders

---

[6] B. Kanitscheider, *Philosophie und moderne Physik*, 1978, S. 9.

[7] Die Abgrenzung zwischen moderner Naturphilosophie und Naturwissenschaft ist notwendigerweise unscharf. Diese Unschärfe spiegelt nicht mangelnde Präzision des Denkens, sondern ist Ergebnis der Tatsache, dass sich die Horizonte naturwissenschaftlicher Forschung und der Naturphilosophie in Richtung spezieller und allgemeiner Fragen erweitern. Vgl. A. Bartels, *Grundprobleme der modernen Naturphilosophie* 1996, S. 19.

[8] Aristoteles sagt, „Bewegung und Veränderung sind die Grundphänomene der Natur. Wer die Bewegung nicht versteht, versteht auch nicht die Natur", zitiert nach I. Düring, *Aristoteles*, 1966, S. 307.

[9] Um Bewegung oder Veränderung zu erklären, gab es in der Antike zwei Hauptrichtungen. Zum einen die Parmenidische, die auch Platon vertritt. Diese Richtung erklärt Veränderung als nur scheinbar. Weil es Nichtseiendes nicht gibt, bzw. es die ‚Idee' hinter den Naturvorgängen gibt, lehnen sie die Veränderung als Ursache der Erscheinungen ab. Im Gegensatz zu dieser Auffassung sagt Heraklit, „Alles fließt". Nach dieser Richtung gibt es keine unveränderliche verborgene Ursache für die bewegenden Naturvorgänge. Durch die Erscheinung selbst werden die Naturvorgänge erklärt.
Vgl. D. Sfendoni-Montzou, *Models of change; a common ground for ancient greek philosophy and modern science*, 1990, S. 149.

die ‚örtliche Bewegung' und die ‚Veränderung der Eigenschaft'[10] Örtliche Bewegung ist ein Übergang von einem Ort zum anderen. Bei dieser Form der Bewegung wird der räumliche und zeitliche Zustand eines Gegenstandes betrachtet. Diese Position der Naturbetrachtung, die vor allem die örtliche Bewegung betont, nennt man die ‚dynamische' Ansicht.[11] Die andere Position betrachtet die Bewegung der Natur als die ‚Veränderung der Eigenschaft'. Im Vergleich zur ‚dynamischen' Ansicht wird bei dieser Position die ‚qualitative' Veränderung betont: Diese Position behauptet, dass die qualitative Veränderung nicht auf die örtliche Bewegung reduziert werden kann. Wie in der antiken Tradition wird die moderne naturwissenschaftliche Erforschung in zwei Klasse eingeteilt: In einer Position wird die örtliche Bewegung in der Natur und in anderen die qualitative Veränderung in der Natur betont und jede Position schematisiert die Gesetzlichkeit der Bewegung.

Daher können wir mit Hilfe dieses Begriffes ‚Veränderung'[12] die naturwissenschaftlichen Theorien vergleichen und demzufolge die zwei Naturbilder, das quantitative und das qualitative Naturbild, ableiten. Für den Vergleich der zwei Naturbilder können wir die besser passende oder primäre Vorstellung der Natur als Kriterium benutzen. Dabei können wir ohne Schwierigkeit zu dem Schluss kommen, dass die Bewegungsvorgänge der Natur keiner ständigen Ort-zu-Ort-Veränderung, sondern einer qualitativen Veränderung entsprechen. Nur durch die räumliche und zeitliche Bewegung kann die wesentliche Eigenschaft der Natur nicht erklärt werden, weil die Natur keine mechanische Maschine ist, die Natur besitzt die Fähigkeit, sich selbst qualitativ zu ändern. In diesem Sinne folgt daraus, dass das der qualitativen Veränderung entsprechende Naturbild die besser überzeugende Naturvorstellung angibt.

Zusammenfassend bietet die naturwissenschaftliche Theorie, die die qualitative Veränderung erklären kann, eine bessere Naturvorstellung an. Unter diese Annahme betrachten wir nun, welche naturwissenschaftliche Theorie die qualitative Veränderung erklären kann. Bevor wir uns mit dieser Frage beschäftigen, wird eine Definition der qualitativen Veränderung benötigt.

---

[10] Platon selbst hat als Arten der Bewegung den Ortswechsel und die Veränderung der Eigenschaft klassifiziert. Theait.181 a 5; Parm. 138 b. zitiert nach: F. Kaulbach, *Bewegung*,1971, S. 866.

[11] Vgl. D. Sfendoni-Montzou, *Models of change; a common ground for ancient greek philosophy and modern science* 1990, S. 150.

[12] Wir nehmen statt der Bewegung den Begriff der ‚Veränderung', weil die Bewegung eher mechanisch klingt und die Bedeutung der Veränderung noch allgemeiner ist.

Im Vergleich zur quantitativen Veränderung, die auf der kontinuierlichen örtlichen Bewegung beruht, enthält die qualitative Veränderung per Definition die Asymmetrie zwischen dem Zustand vor der Veränderung und nach Veränderung. Diese Asymmetrie ist die wesentliche Eigenschaft der qualitativen Veränderung. Daher muss die Bedeutung dieser Asymmetrie für die Erklärung der qualitativen Veränderung geschildert werden. Die Asymmetrie muss zuerst auf der zeitlichen und physikalischen Ebenen erklärt werden, weil die Asymmetrie auf Grund des physikalischen und zeitlichen Naturzusammenhangs entsteht. Die zeitliche Asymmetrie bedeutet, dass die Zukunft bei qualitativen Veränderungen nicht auf die Vergangenheit reduziert werden kann. Zum zweiten gibt es die räumlich, bzw. die physikalische Asymmetrie: Der qualitativ veränderte Zustand kann physikalisch nicht auf den vorherigen Zustand reduziert werden. Das dritte Kriterium für die qualitative Veränderung ist die ‚Entstehung des Neuen'. Diese Eigenschaft ist mit der schöpferischen Fähigkeit der qualitativen Veränderung verbunden. Als ihr Resultat muss etwas Neues, das vorher nicht existierte, entstehen. Das letzte Kriterium ist das ‚Ordnungsprinzip'. Da eine ‚wissenschaftliche' Theorie das betrachtete Phänomen ‚wissenschaftlich' erklären muss, ist dieses Ordnungsprinzip, das das Phänomen gesetzmässig erklärt, unabdingbar. Daher muss eine Theorie, die die qualitative Veränderung erklären soll, diese vier Kriterien erfüllen, die zeitliche Irreversibilität, die physikalische Irreversibilität, die Entstehung des Neuen und das Ordnungsprinzip.

Jetzt können wir mit unserer Analyse der naturwissenschaftlichen Theorien beginnen: Wenn eine Theorie die vier Kriterien erfüllt, kann die Theorie die qualitative Veränderung erklären und ist somit besser als eine andere Theorie, die diese Veränderung nicht erklären kann. Darüber hinaus können wir argumentieren, dass es in der Naturwissenschaft eine Entwicklung gibt, wenn wir in den verschiedenen naturwissenschaftlichen Theorien eine immer bessere Erfassung der qualitativen Veränderung auszeigen können. Um unsere Behauptung zu belegen, erläutern wir zuerst die naturwissenschaftlichen Theorien in herkömmlicher Hinsicht.

## II. Erläuterung der Theorien

Wie wir wissen, ist Naturwissenschaft ein Sammelbegriff all derjenigen Theorien, die die Natur unter der Perspektive der ihr zugrundeliegenden Gesetzmäßigkeit betrachten. Um diese Gesetzmäßigkeiten auszudrücken, verwendet die Naturwissenschaft das Instrument der Mathematisierung.[13] Auf den ersten Blick erscheint diese Mathematisierung quantitativer, nicht qualitativer Art zu sein. Aber die beiden Begriffe - Quantität/Qualität und Mathematisierung - gehören zu verschiedenen Begriffsklassen. Die Klassifikation von Quantität/Qualität entspricht der Eigenschaft der Vorgänge, die eine Theorie betrachtet. Im Vergleich dazu entspricht die Mathematisierung der Ausdrucksform einer Theorie. Mathematisierung betrifft ein Abstraktionsvermögen. Die Abstraktion bezeichnet die Möglichkeit, einen Gegenstand oder eine Gruppe von Gegenständen unter einem Gesichtspunkt zu betrachten. Zum Beispiel gibt es beim Vergleich von drei Kühen und drei Äpfeln einen gemeinsamen Bezug gemäß eines Abstraktionsgesichtspunktes, der eben mit dem Wort ‚drei' ausgedrückt wird.[14]

Die Begriffe, die durch Abstraktion aus einzelnen Sachverhalten oder Erfahrungskomplexen gewonnen werden, erhalten – wenn sie sich bewähren - einen gesetzmäßigen Charakter. „Die abstrahierten Begriffe zeigen die spätere Entwicklung eines Naturphänomens, indem sie zur Bildung neuer Formen und Begriffe Anlass geben, Erkenntnisse über deren Zusammenhang vermitteln und sich auch bei dem Versuch, die Welt der Erscheinungen zu verstehen, in irgendeinem Sinne bewähren."[15]

In diesem Sinne ist es zweckmäßig, dass die Naturwissenschaft die Naturvorgänge in der Sprache der Mathematik ausdrückt, unabhängig davon, ob ein qualitatives oder ein quantitatives Naturphänomen erfasst werden soll. Diesen Punkt berücksichtigend werden wir in diesem Kapitel fünf Theorien erläutern, nämlich Newtons Mechanik, die Thermodynamik, die Quantentheorie, die Chaostheorie und die Selbstorganisationstheorie.

---

[13] Die erste Beschreibung mit Mathematisierung in der Naturwissenschaft fing mit Galileo Galilei an. Er hat Naturvorgänge in seinem Buch ‚De Motu' mit der mathematischen Sprache geschrieben. Vgl. K. Fischer, *Galileo Galilei*, 1983, S. 51 und vgl. H.-D. Mutschler, *Naturphilosophie*, 2002, S. 7.

[14] Vgl. W. Heisenberg, *Schritte über Grenzen*, 1973, S. 188ff.

[15] W. Heisenberg, *Schritte über Grenzen*, 1973, S. 190.

## 1. Newtons Mechanik

Die systematische Erforschung der Natur im Vergleich zur spekulativen begann im 17. Jahrhundert mit Newtons Mechanik[16]. Nach Newton bilden Beobachtung und Experiment die Grundlage der Naturwissenschaft.[17] Das Kriterium der Wahrheit einer Aussage ist nicht mehr die logische Herleitbarkeit aus Grundprinzipien, sondern die Übereinstimmung mit den Schlussfolgerungen aus den durch Beobachtung bestätigten Grundgesetzen, wobei das Experiment die entscheidende Rolle spielt: „Wenn er Gesetzesaussagen zum Zwecke der Erklärung formuliert, dann geschieht dies auf der Grundlage der sorgfältigsten experimentellen Erforschung der Erscheinungen. Nur unter dieser Bedingung, als Deduktionen aus den Phänomenen, sind allgemeine Aussagen in der Wissenschaft zulässig; als beliebig vermehrbare Spekulationen zur Rettung der Erscheinungen sind sie dagegen abzulehnen.“[18]

Newton selber sagte auch folgendes: „In der auf Erfahrung gegründeten Philosophie müssen die durch Induktion aus den Erscheinungen gewonnenen Lehrsätze, ungeachtet entgegengesetzter Hypothesen, entweder genauer oder so nahe wie möglich für wahr gehalten werden, solange bis andere Erscheinungen aufgetreten sind, durch die sie entweder genauer gemacht oder Einschränkungen ausgesetzt werden.“ [19] Und weiter „As in Mathematics, so in Natural Philosophy, the Investigation of difficult Things by the Method of Analysis, ought ever to precede the Method of Composition. This Analysis consists in making Experiments and Observations, and in drawing general Conclusions from them by Induction, and Admitting of no Objections against the Conclusions, but such as are taken form Experiments, or other certain Truths.”[20] In diesem Sinne muss die Behauptung der Naturwissenschaft durch die empirische Methode oder durch das Experiment überprüft werden.

---

[16] Obwohl die Theorien von Galilei und von Kepler auch auf empirischen Experimenten beruhen, beziehen sich ihre Theorien nicht auf eine systematische Struktur. Sie erklären nur begrenzte Naturvorgänge. In diesem Sinne fing die systematische Theorie mit Newton an.

[17] Vgl. K. Fischer, *Isaac Newton und das verlorene Wissen der Alten*, 2002, S. 46.

[18] K. Fischer. *Isaac Newton und das verlorene Wissen der Alten*, 2002, S. 44.

[19] Isaac Newton, Leitsatz IV, in: ders., *Mathematische Grundlagen der Naturphilosophie*, 1998, S. 171.

[20] Isaac Newton, *Optics; or A Treatise of the Reflections, Refractions, Inflections & Colours of Light, Question 31*, 1979, S. 404.

Newton suchte aufgrund seiner philosophischen Grundlage die Einheit der Natur.[21] eine Theorie hat das neue Naturbild geprägt und dieses Naturbild hat den Naturbegriff der Neuzeit beherrscht.[22] Sehen wir uns seine Theorie genauer an.

Newtons Gedankengang für seine Theorie kann in drei Stufen eingeteilt werden. Die erste ist seine philosophische Hypothese, dass es die ‚Kraft' gibt, obwohl er sie nicht als Hypothese, sondern als Tatsache angenommen hat. Die zweite ist die Suche nach den Gesetzen jener Bewegungen, welche die Kraft hervorruft. Die dritte ist eine Erfindung der Rechnungsmethode für die Lösung seiner Bewegungsgleichungen.[23] Der Ausgangspunkt für seine Theorie ist die Beobachtung der Naturvorgänge. Dadurch wird es für ihn klar, dass für alle Bewegungen Kraft benötigt wird. Aufgrund dieser Ansicht formuliert er die Gesetzmäßigkeit der Bewegungen und erfindet die Rechnungsmethode.

Betrachten wir zunächst den Zusammenhang zwischen der Kraft und den Gesetzen. Nach Newton ist eine auf der Beobachtung basierende unbezweifelbare Tatsache die Kraft. Zu seiner Zeit gab es schon viele andere Theorien über die Kräfte (z.B das Gesetz des freien Falls bei Galilei, das Stoßprozess- und Kreisbewegungsgesetz bei Huygens etc.). So besagt das Gesetz vom freien Fall, dass im Vakuum alle Körper mit der gleichen Beschleunigung und auf einem Weg fallen, der dem Quadrat der Zeit proportional ist. Bei den Stoßprozessen spielt das Produkt aus der Masse des Körpers und seiner Geschwindigkeit eine große Rolle, sowie deren zeitliche Änderung. Beim Kreisbewegungsgesetz besteht schließlich die wesentliche Erkenntnis darin, dass zur Aufrechterhaltung der Kreisbewegung Kraft benötigt wird.

Aus diesem Theorie sowie seiner eigenen Beobachtung schloss Newton, dass es ohne äußere Einwirkung keine Veränderung gab. Nur die Einwirkung einer äußeren Kraft vermag daran etwas zu ändern.[24] Alle Bewegungen beruhen auf Kräften. Darüber hinaus führt Newton aufgrund dieser Erkenntnis den noch allgemeineren Gedankengang, dass die gleichen Bewegungsformen auch die gleiche Ursache haben müssen. Das bedeutet, dass die Ursachen der Bewegungen eines von einem Turm herabfallenden Steins

---

[21] „Die Hoffnung, auf eine Wissenschaft dieser Art die volle Einheit der Physik, je eine universelle Ontologie zu gründen, nennt man das mechanische Weltbild", in: C.F.V. Weizsäcker, *Die Einheit der Physik als konstruktive Aufgabe*,1970, S. 373.

[22] Vgl. W. Neuser, *Natur und Begriff*, 1995, S. 1.

[23] Vgl. S. Weinberg, *Newtonianism and today's physics*, 1987, S. 5.

[24] Vgl. G. Küppers, *Chaos und Ordnung*,1997, S.152.

und der des Mondes oder eines beliebigen Planeten gleich sind, weil ihre Bewegungsformen alle elliptisch sind: Newton hat die Bewegungen am Himmel und auf der Erde unter diesem Gedanken vereinheitlicht.
Betrachten wir jetzt die Bewegungsformen. Alle hervorgerufenen Bewegungsformen sind entweder geradlinig oder gekrümmt. Nehmen wir als Beispiel den Stoßprozess, der durch das Bewegungsgesetz erklärt wird: Kraft = Masse × Beschleunigung ($F = ma$).[25] Zusätzlich ist der Impuls P das Produkt aus der Masse m und der Geschwindigkeit v, d.h. $P = mv$ . Zwei elastische Kugeln gleicher Masse stoßen entgegengesetzt mit der gleichen Geschwindigkeit zusammen (Abbildung 1.1 ①).

Abbildung[26] 1.1: Zwei elastische Kugeln gleicher Masse und gleicher Geschwindigkeit stoßen zusammen und entfernen sich mit genau entgegengesetzten Geschwindigkeiten wieder voneinander.

Im Ergebnis dieser Kraftwirkung wird sowohl die eine als auch die andere Kugel abgebremst, und es existiert ein Zeitpunkt, in dem die Geschwindigkeiten beider Kugeln gegen Null verschwinden (Abb. 1.1 ②). Bei diesem Stoßfall ist bekannt, dass (1) zur Abbremsung der Bewegung eine Kraft benötigt wird und diese Kraft von den Druckkräften herrührt, dass (2) zum Erzeugen einer Bewegung eine ebenso große Kraft benötigt wird wie zu ihrer Abbremsung und dass (3) beim Wechselwirkungsprozess beide Körper mit einer betragsmäßig gleichen, aber entgegengesetzt gerichtete Kraft aufeinander wirken.
Wenn dieser Stoßprozess verallgemeinert wird, können wir die geradlinige und gekrümmte Bewegung erklären: Bei einem nur eine sehr kurze Zeit dauernden Stoß führen die Körper vor und nach dem Stoß beim Fehlen ei-

[25] Das hier genannte Gesetz ist das zweite Newtonsche Axiom. Das erste Newtonsche Axiom besagt, dass die gleichförmige Bewegung (oder Ruhe) ein Zustand ist, in dem der Körper verharrt. Das heißt, dass es Bezugssysteme gibt, in denen alle Körper mit kräftefreien konstanten Geschwindigkeiten enthalten sind. Das dritte Newtonsche Axiom besagt, dass die Kraft, mit der die Umgebung auf einen Massenpunkt wirkt, stets der Größe der entgegengesetzten Kraft, mit der der Massenpunkt auf seine Umgebung wirkt, entspricht, d.h.: $F_{actio} = -F_{reactio}$

[26] Dieses Beispiel ist keine originale Newtonsche Erklärung, sondern eine modernisierte Interpretation. Die grundlegende physikalische Idee ist trotzdem gleich.

ner äußeren Einwirkung eine geradlinige Bewegung aus, wie unsere Abbildung 1.1 zeigt. Wenn die Stöße vielfältig geführt werden, bewegt sich ein Körper gekrümmt. Ein Körper bewegt sich beispielsweise entsprechend der Abbildung 1.2 auf einer geradlinigen Bahn (oder Trajektorie) AB mit einer konstanten Geschwindigkeit und stößt im Punkt P mit einem anderen Körper so zusammen, dass beim Stoß ein Impuls der Richtung PC und mit dem Betrag $mv_p$ übertragen wird.

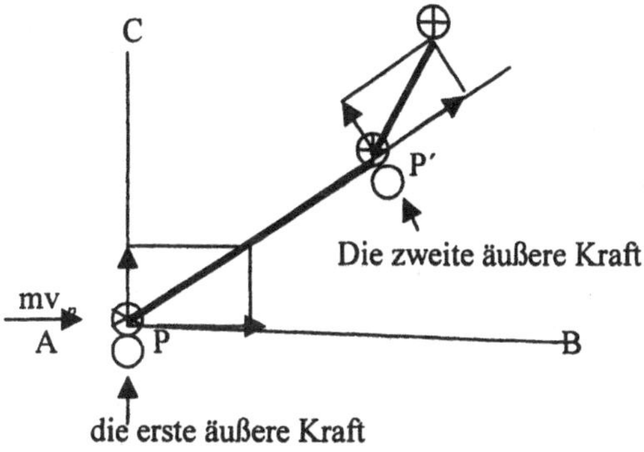


Abbildung 1.2: Wir können einen Körper über eine Reihe von Stößen dazu zwingen, eine Polygonbahn zu durchlaufen. Im Grenzübergang erhalten wir eine Bewegung längs einer gekrümmten Trajektorie.

Der Körper setzt dann seine Bewegung in der Richtung PP′ fort und wird in Punkt P′ mit einem weiteren Körper zusammenstoßen, so dass er seine Bewegungsrichtung wieder verändert; das Resultat der fortlaufenden Reihe von Stoßprozessen ist eine Bahn in Kreisform, die eine elliptische Bewegungsform ist.

Diese kreisförmige Bewegungsform entsteht nicht nur bei dem Stoßprozess, sondern auch infolge der Gravitationskraft.[27] Daher müssen die beiden

[27] Newton kannte nicht die Ursache der Gravitation. Die heutige Erklärung ist folgende: „Über Gravitation wissen wir bisher lediglich, dass sie von der Größe der vorhandenen Masse abhängig ist. Warum aber erzeugt eine jede Masse diese nicht *messbare,* sondern anscheinend nur berechenbare Kraft? Es gibt nur eine einzige Antwort auf diese Frage: Gravitation ist die Summe aller ehemals freien Einzel-bewegungen der Atome, aus denen sich die jeweilige Masse zusammensetzt. Wenn die Energie, die gleichzusetzen ist nur mit Bewegung, nicht verloren geht, nimmt sie lediglich eine andere Erscheinungsform an. Die ehemaligen Bewegungen jedes ein- zelnen Atoms übertragen sich auf das Medium, in dem sich die Entstehung aller Masse vollzieht. Das Medium, das aus den kleinsten aller möglichen Teilchen besteht, nimmt diese Bewegungen aller Materie auf. Es bewegt sich darum mit einer Geschwindigkeit, die von allen in ihm befindlichen Massen bestimmt wird. Sämtliche Bewegungen innerhalb eines Systems entsprechen darum exakt der Summe der Bewegungen aller ehemals freien Atome, aus denen das System besteht. Gravitation ist daher nichts anders als Bewegung eines

Kräfte, die äußere Kraft bei dem Stoßprozess und die Gravitationskraft, nach Newton gleich sein. Diese Behauptung hat Newton tatsächlich mathematisch bewiesen: Das Gravitationsgesetz kann man aus der Zentripetalkraft und dem dritten Keplerschen Gesetz[28] herleiten.[29]
Betrachten wir zuerst die Zentripetalkraft.[30] Wir zeichnen in Abbildung 1.4 in den Kreis ein Quadrat ein und nehmen an, dass sich der Körper (m) längs der durch dieses Quadrat vorgegebenen Trajektorie mit konstanter Geschwindigkeit (v) bewegt.[31] An den Eckpunkten des Quadrates soll der Körper an einen elastischen Kreisring stoßen und der Körper wird nach den Stoßgesetzen reflektiert. Die Kraft, die vom elastischen Kreisring auf den Körper ausgeübt wird, lässt sich sowohl hinsichtlich ihres Betrags als auch ihrer Richtung leicht angeben. Sie ist zum Kreismittelpunkt hin gerichtet, und ihr Betrag kann mittels geometrischer Betrachtungen bestimmt werden.

---

Mediums und sämtlicher darin befindlicher Massen",in: K.D.Ewert, *Die physikalischen Zwangsläufigkeiten des Kosmos*, 1985, S. 93.

[28] Johannes Kepler (1571-1630)

> 1.Keplersches Gesetz: Planeten bewegt sich auf Ellipsen. Die Sonne steht in einem der beiden Brennpunkte.
>
> 2.Keplersches Gesetz: die Verbindungsstrecke Sonne-Planet überstreicht in gleichen Zeiten gleich große Flächen. Oder die Geschwindigkeit eines Planeten auf seiner Bahn um die Sonne ist umgekehrt proportional zum Abstand der Sonne.
>
> 3.Keplersches Gesetz: die Quadrate der Umlaufzeiten zweier Planeten verhalten sich wie die Kuben der großen Bahnhalbachsen.

Vgl. K. Jupe/M. Ludwig (Hg.), *Mechanik/Thermodynamik*,. 1995, S. 64.
Diese drei Gesetze lassen sich unmittelbar aus Newtons Mechanik ableiten, wenn man die Wechselwirkung zwischen Sonne und Planeten durch Newtons Gravitationskraft beschreibt und den Einfluss weiterer Himmelskörper vernachlässigt. Vgl. R. Mahnke/ J. Schmelzer/G. Röpke, *Nichtlineare Phänomene und Selbstorganisation*, 1992, S. 92.

[29] Vgl. K. Simonyi, *Kulturgeschichte der Physik*, 1995, S. 257 und K. Mainzer, *Symmetrie der Natur*, 1998, S. 273.

[30] „Er war vermutlich der bedeutendste Mathematiker des 17. Jahrhunderts, neben vielem anderen der Erfinder der Infinitesimalrechnung (um 1665/66, erst 1704 publiziert), aber bei der Abfassung seines Hauptwerks 20 Jahre später verzichtete er auf die Verwendung dieses revolutionären Instruments und kehrte zu den geometrischen Methoden der Antike zurück, weil der die „Modernen" und ihre von Descartes geprägte analytische Methode verabscheute", in: K. Fischer, *Isaac Newton und das verlorene Wissen der Alten*, 2002, S. 42.

[31] Diese Darstellungsmethode ist die gleiche, die von Newton benutzt wird.

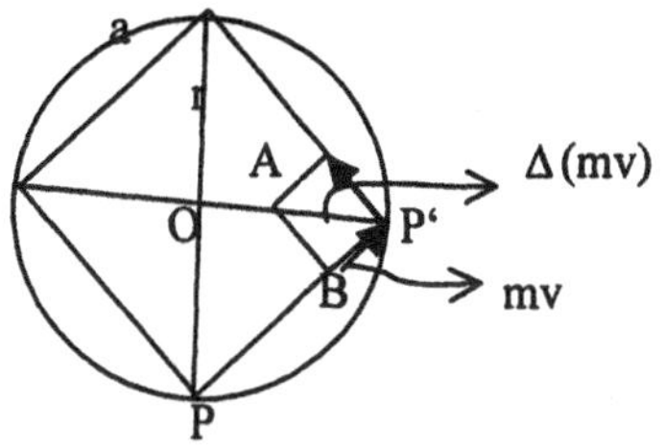


Abbildung 1.4: Zur quantitativen Untersuchung der gleichförmigen Bewegung auf einer Kreisbahn gehen wir von der Bewegung längs eines Quadrates aus, das in den Kreis einbeschrieben ist, wobei mv der Impuls dieses Körpers, Δ(mv) der übertragende Impuls Orten des Stoß auf den Ring, r der Kreisradius und a die Seit des Dreiecks ist[32].

Aus der Ähnlichkeit der Dreiecke BAP′ und OPP′ folgt nämlich
$\Delta(mv)/mv = a/r$.
Dies kann umformuliert werden in,
$\Delta(mv) = \frac{a}{r} mv$.
Die Gesamtwirkung, die bei einem vollen Umlauf auf die quadratische Trajektorie ausgeübt wird, finden wir aus
$4\Delta(mv) = \frac{4a}{r} mv$ (1).
Stellen wir diese Beziehung in der heute üblichen Schreibweise dar, dann tritt an die Stelle der ‚Kraftwirkung' das Produkt $F\Delta\tau$, wobei F die Kraft selbst ist und $\Delta\tau$ die Zeitdauer der Krafteinwirkung.[33] Mit diesen Annamen kann die Beziehung (1) als
$F(4\ \Delta t) = \frac{4a}{r} mv$
geschrieben werden. Wenn der Kreis mit einem einbeschriebenen Polygonzug aus n Strecken dargestellt ist, ergibt sich die Gesamtkraft
$F(n\ \Delta t) = \frac{na}{r} mv$.
Dieses Beispiel verdeutlicht, dass beim Durchlaufen der gesamten Bahn die gesamte Kraftwirkung, d.h. die Kraft multipliziert mit der Summe ihrer Wirkungszeiten, gleich der Bewegungsmenge ist, die mit dem Quotienten aus der Gesamtlänge der Trajektorie (na) und dem Kreisradius (r) multipliziert wird.

---

[32] K. Simonyi, *Kulturgeschichte der Physik*, 1995, S. 256.

[33] Newton hat die Größe, die eine endliche Änderung des Impulses hervorruft, als Kraft bezeichnet. Im Vergleich dazu bezeichnet heute üblicherweise die Kraft eine Änderung des Impulses pro Zeiteinheit. Vgl. K. Simonyi, *Kulturgeschichte der Physik*, 1995, S. 255.

Lassen wir die Zahl der Eckpunkte beliebig anwachsen, dann kommen wir schließlich zur Kreisbahn. Die Länge der Bahn fällt mit dem Kreisumfang zusammen, und Gleichung(1) geht in

Ft = $\frac{2\pi r}{r} mv = 2\pi mv$ über.

Daraus ergibt sich der konstante Betrag der Kraft, die zum Kreismittelpunkt hingerichtet ist, $F = 2\pi\ mv/\tau = 2\pi mv/\ 2\pi\ /v = mv^2/r$ (2).

Das ist die Zentripetalkraft. Sie wird vom Kreisring auf den Körper übertragen, und sie zwingt ihn, eine Kreisbahn zu durchlaufen[34].

Bis jetzt haben wir betrachtet, wie sich die Zentripetalkraft aus der Kreisbewegung, die durch das Bewegungsgesetz ausgedrückt wird, ableiten lässt. Die Zentripetalkraft ist auch der wichtige Ausgangspunkt für die Formulierung des Gravitationsgesetzes. Vor Newton gab es bereits mehrfach Ansätze für die Gravitationsanziehung: Alle Körper ziehen sich gegenseitig an und diese Anziehung ist für das Gewicht der Körper auf der Erdoberfläche, für deren beschleunigte Bewegung beim freien Fall sowie für die Bewegung der Himmelskörper verantwortlich. All das waren aber nur Vermutungen, die sich nicht unmittelbar auf experimentelle Beobachtungen gestützt haben.[35] Newton hat schließlich das allgemeine Gravitationsgesetz formuliert.

Zunächst ist die Zentripetalkraft eines Planeten, der eine Kreisbahn mit dem Radius R durchläuft, nach der Gleichung (2) gegeben durch

$F^{zp} = mv^2/R = m(2\pi/T)^2/R = m(2\pi)^2R/T^2$, wobei T die Umlaufzeit ist.

Darüber hinaus gibt es das dritte Keplersche Gesetz:

$T_1^2 : T_2^2 : T_3^2 ..... = R_1^3 : R_2^3 : R_3^3 ...$ oder $(T_1/T_2)^2 = (R_1/R_2)^3$, wobei $T_1$ und $R_1$ die Umlaufzeit und der Radius des Planeten 1 ist und $T_2$ und $R_2$ die Umlaufzeit sowie der Radius des Planeten 2 angeben.

Aus diesen beiden Gesetzen ergibt sich für die Quotienten aus den auf die Planeten wirkenden Kräften;

---

[34] Die Kreisbewegung kann auch aus dem zweiten Newtonschen Axiom, Kraft = Masse × Beschleunigung abgeleitet werden. Wie in der Abbildung 1.3 gezeigt wurde, ist die Kreisbewegung eine Bewegung mit einer konstanten Beschleunigung, $a = \frac{v^2}{r} = \frac{v}{t} = \frac{vv}{tv} = \frac{v^2}{r}$. Dann lässt sich die Kraft auch in der Form, $F = ma = m\frac{v^2}{r}$ darstellen. Diese Formel stimmt mit der Formel (2) überein.

[35] K. Simonyi, *Kulturgeschichte der Physik*, 1995, S. 257.

$$\frac{F_1}{F_2} = \frac{m_1 \frac{(2\pi)^2 R_1}{T_1^2}}{m_2 \frac{(2\pi)^2 R_2}{T_2^2}} = \frac{m_1 R_1 T_2^2}{m_2 R_2 T_1^2}$$

Wenn wir $(\frac{T_2}{T_1})^2 = (\frac{R_2}{R_1})^3$ benützen, dann bekommen wir schließlich

$$F_1 : F_2 = \frac{m_1}{R_1^2} : \frac{m_2}{R_2^2} .$$

Aus dieser Beziehung wird ersichtlich, dass die Kraft umgekehrt proportional zum Quadrat der Entfernung ist. Aus dieser Erkenntnis kann das allgemeine Gravitationsgesetz gefolgert werden: Wirkt von einem Körper mit der Masse $m_1$ auf einen Körper mit der Masse $m_2$ eine Anziehungskraft, dann muss diese natürlich zur Masse $m_1$ proportional sein. Da beide Kräfte gleich sind, muss die Anziehungskraft proportional sowohl zu der einen als zur anderen Masse sein.[36] Daraus folgt, dass die Gravitationskraft direkt proportional zum Produkt der Massen beider Körper und umgekehrt proportional zum Quadrat ihres Abstandes ist, d.h.
$\mathbf{F = G\, m_1 m_2/r^2}$ (G ist eine universelle Konstante).

Mit Hilfe der Zentripetalkraft können beide Gesetze, das Bewegungsgesetz und das Gravitationsgesetz, verbunden werden: Beide Kräfte verursachen das gleiche Phänomen.
Bis jetzt haben wir den Zusammenhang zwischen Kraft und Gesetz betrachtet. Sehen wir nun den Zusammenhang zwischen Gesetz und Rechnungsmethode an. Wie oben gezeigt wurde, ist das zweite Newtonsche Gesetz ( F = ma) ein allgemeines Schema für die Kraftgesetze: Bei der Beschleunigungsänderung wird die Kraft bzw. bei Kenntnis der Kraft die Beschleunigungsänderung erkannt. Aber wie können wir dieses Verfahren durchführen oder die Beschleunigungsänderung berechnen?
Die Beschleunigungsänderung ist proportional zu der Veränderung der Geschwindigkeit. Daher brauchen wir für eine Beschleunigungsänderung zuerst die Geschwindigkeitsänderung. Bei einer geradlinigen Bewegung lässt sich die Geschwindigkeitsänderung folgendermaßen darstellen: [37]

---

[36] Vgl. K. Simonyi, *Kulturgeschichte der Physik*, 1995, S. 260.
[37] Vgl. J. E. Marsden/A. Weinstein, *Calculus I*, 1985, S. 2.

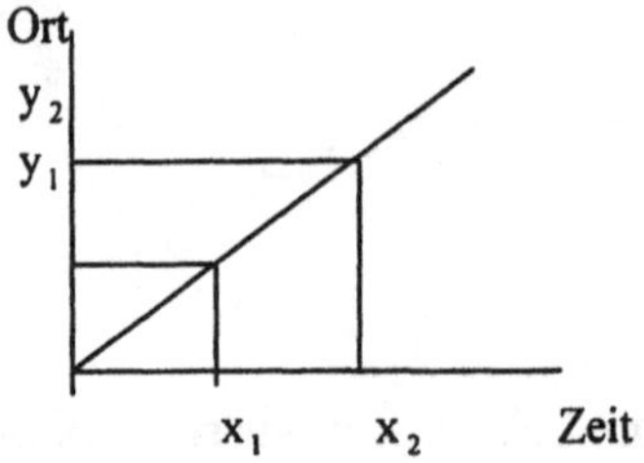


Abbildung 1.5: Der Zusammenhang zwischen dem Ort und der Zeit ist bei diesem Fall proportional zu der Zeit.

Diese Methode ist leider auf unseren Fall nicht anwendbar, da der Ort der Bewegung eines fallenden Körpers nicht proportional zur Zeit ist. Bei einem fallenden Körper lässt sich der Zusammenhang zwischen Ort und Zeit folgendermaßen darstellen:

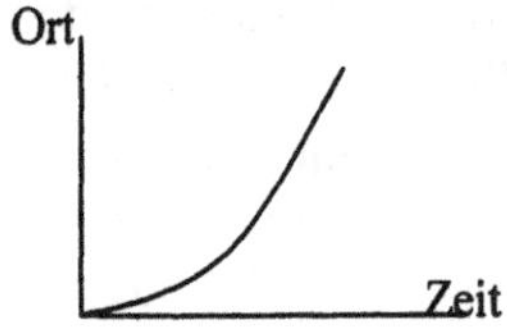


Abbildung 1.6: Der Zusammenhang zwischen dem Ort und der Zeit ist bei diesem Fall nicht proportional zu der Zeit.

Bei dem fallenden Körper besteht keine lineare Proportionalität zwischen Ort und Zeit. Hier benötigen wir die ‚differentiale' Lösungsmethode. Bei der differentialen Lösungsmethode ist die Geschwindigkeit eines Punkts oder einer Zeit die Tangente dieses Punktes. Unter dem Begriff ‚Tangente' versteht man eine Veränderung ‚während sehr kurzer Zeit'. Mit Hilfe des Begriffs ‚Tangente' kann man den Wert der Geschwindigkeit eines fallenden Körpers ermitteln[38]:

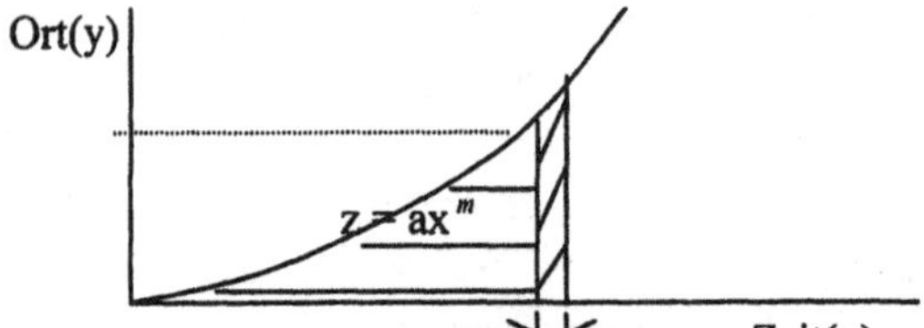


Abbildung 1.7: Die Überlegung Newtons zum Zusammenhang zwischen Differential- und Integralrechnung.[39]

[38] Hier haben wir Newtons originelle Erklärung für unseren Zweck modernisiert. Vgl. K. Simonyi, *Kulturgeschichte der Physik*, 1995, S. 287.
[39] K. Simonyi, *Kulturgeschichte der Physik*, 1995, S. 288.

Es sei eine Kurve gegeben (Abbildung 1.7) und mit z der Flächeninhalt der unter der Kurve liegenden gestrichelten Fläche bezeichnet. Diese Fläche soll in der Form $z = ax^m$ gegeben sein. Von der Koordinate x auf der Abszisse abhängend vergrößern wir nun x um einen infinitesimalen Wert o, dann nimmt die Fläche um den Wert oy zu, d.h. es gilt

$$z+oy = a(x+o)^m.$$

Entwickeln wir die rechte Seite in einer Binominalreihe[40], dann erhalten wir

$$z+oy = ax^m + oamx^{m-1} + o^2 \frac{am(m-1)}{2} x^{m-2} + ....$$

Subtrahieren wir davon $z = ax^m$ und vernachlässigen höhere Potenzen von o, dann ergibt sich $y = amx^{m-1}$.
Durch diese Methode hatte Newtons Differentialquotient die Funktion
$y = ax^m$ bekommen.
Die Grundidee der Differentialrechnung ist der Wert von y während der infinitesimalen Veränderung von x. Eine infinitesimale Veränderung ist das Ergebnis eines Grenzübergangs. Der Grenzübergang bedeutet die Verände rung einer Größe, die zwischen zwei aufeinander folgenden Augenblicken eintritt, wenn das Zeitintervall zwischen diesen beiden Augenblicken gegen Null geht. Die infinitesimale Beschreibung löst also die Veranderung in eine unendliche Folge von unendlich kleinen Veränderungen auf.[41] Die jeweiligen Geschwindigkeiten und Besch-leunigungen sind Grenzgrößen, die das Verhältnis zwischen zwei infinitesimalen Größen messen. Die Beschleunigung ist die Veränderung der Geschwindigkeit während eines Zeitintervalls $\Delta t$, das gegen Null geht. Diese Methode heißt ‚Ableitung nach der Zeit'. Die Beschleunigung kann auch als eine Ableitung einer Ableitung, $a = d^2r/dt^2$ , also als eine zweite Ableitung ausgedrückt werden. Dabei ist die Integration eine ‚Addition' der infinitesimalen Geschwindigkeitsänderungen innerhalb eines endlichen Zeitintervalls. Die Integration ist eine inverse Operation des Differential: Die Integralgleichung der Geschwindigkeit ist der Ort und die Ableitung eines Orts die Geschwindigkeit. Das gleiche gibt auch für die Beziehung zwischen Geschwindigkeit und Beschleunigung. Somit kann das zweite Newtonsche Gesetz durch diese Methode folgendermaßen definiert werden. $F = ma = m\, d^2r/dt^2 = m\ddot{r}$,wobei $\ddot{r}$ die zweite Ableitung des Ortes (r), r der Ort, t die Zeit und m

[40] Der Binominalsatz lautet $(a+b)^n = \sum_{\nu=0}^{n} \binom{n}{\nu} a^\nu b^{n-\nu}$. Newton hatte zu dieser Zeit bereits einen Binominalsatz aufgestellt.
[41] I. Prigogine, *Dialog mit der Natur*, 1983, S. 64.

die Masse eines Körpers bedeutet. Diese Gleichung besagt, dass die Kraft proportional zur zweiten Ableitung des Ortes des Körpers ist. Durch die differentiale Methode kann eine Geschwindigkeit, die sich kontinuierlich verändert, und die momentanen Veränderungen der verschiedenen Größen, etwa des Ortes, der Geschwindigkeit und der Beschleunigung in einem bestimmten Augenblick eines Körpers beschrieben werden.
Newtons Gleichungen, die durch die differentiale Methode ausgedrückt werden, sind sehr nützlich, wenn man die Bewegung eines Körpers beschreiben oder vorhersagen will. Nehmen wir die Schwerkraft als Beispiel einer Kraft, die aufgrund der Gravitationsbeschleunigung g an der Erdoberfläche an einer Masse m angreift. In der Abbildung 1.7. haben wir ein kartesisches Koordinatensystem so gelegt, dass die z-Richtung nach oben zeigt,

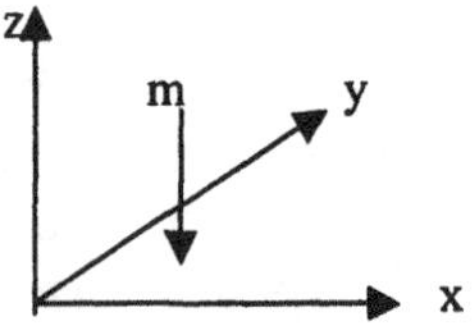


Abbildung 1.8: Auf eine Masse *m* wirkt im Gravitationsfeld nur eine Kraft entlang der z-Achse.

In diesem Fall gibt es keine Kräfte in x- und y- Richtung. Damit gilt nach dem ersten Newtonschen Gesetz, dass die Masse in diesen Richtungen in Ruhe oder in gleichförmig geradliniger Bewegung bleibt, d.h. die Kraft entlang der x- Achse ist Null und die Kraft entlang y-Achse ist auch Null. Für die z-Richtung gilt hingegen $F_z = -mg$, wobei die Vektorschreibweise hier weggelassen wurde, da nur die z-Komponente der Gravitationsbeschleunigung von Null verschieden ist. Das zweite Newtonsche Gesetz lautet ma = $F_z$. Und da die Beschleunigung die zweite Ableitung der Ortkomponente $r_z$ ist, gilt $m\ddot{r}_z = -mg$. Die Massen kürzen sich, und es bleibt nur noch $\ddot{r}_z = -g$. Das ist die Bewegungsgleichung. Für den nächsten Schritt, die Berechnung des Ortes ($r_z$) in Abhängigkeit zur Zeit, benützen wir einfach die Integrationsmethode. Im vorliegenden Fall erhalten wir den Ort ($r_z$) durch zweimalige Integration.
Schreiben wir $\ddot{r}_z = dv/dt$ und integrieren von $t_0$ nach t :

$$\int_{t_0}^{t} \frac{dv}{dt} dt = -\int_{t_0}^{t} g dt, \quad \int_{t_0}^{t} dv = -g(t - t_0),$$

wobei die Größen $v_0$ und $dt_0$ durch die sogenannten Anfangsbedingungen gegeben sind. Sagen wir also, dass v zur Zeit $t_0 = 0$ selbst Null sein soll, erhalten wir v(t =0) = 0 und damit v(t) = -gt, d.h. die Geschwindigkeit einer Masse m im Gravitationsfeld, die anfänglich in Ruhe war, ist proportional zur Zeit; sie steigt linear mit der Zeit an. Den eigentlichen Ort $r_z$ erhält man durch eine weitere Integration von v=dz/dt

$$\int_0^t \frac{dz}{dt}dt = -\int_0^t gt\,dt, \quad z(t) - z_0 = -\frac{1}{2}gt^2, \quad z(t) = z_0 - \frac{1}{2}gt^2.$$

Der Ort ist hiermit für alle Zeiten gegeben. So kann man mit der Newtonschen Bewegungsgleichung alle Zustände eines Körpers beschreiben oder vorhersagen.

Bewegungen in der Newtonschen Welt hängen daher von Geschwindigkeit und Beschleunigung ab und diese beruhen auf räumlicher Konfiguration. Das bedeutet, dass die Newtonsche Bewegung in der Natur durch Veränderung in Bezug auf Raum bestimmt wird. Daher ist Bewegung oder Veränderung in Newtons Welt gleichbedeutend mit Beschleunigung oder Verlangsamung[42]: Die Veränderung in der Newtonschen Natur ist die örtliche Bewegung. Er hat die Veränderungen in der Natur auf die relative Ortsveränderung materieller Körper zurückgeführt[43]. Nach Newtons Idee ist die Natur eine Maschine, die aus massiven Teilen aufgebaut ist, für die Newtons differentiale Bewegungsgleichung gilt. In diesem Naturbild bedeutet jedes Geschehen oder jede Veränderung nur mechanische Bewegung. Daher nennt man Newtons Weltbild als Metapher das ‚Uhr-Werk'-Universum[44]. Die Welt ist eine Maschine, eine riesige Uhr[45]. Der logische Zusammenhang zwischen Newtons Welt und einer Uhr ist folgender[46].

---

[42] Vgl. I. Prigogine, *Dialog mit der Natur*, 1983, S. 66.

[43] Vgl. I. Prigogine, *Dialog mit der Natur*, 1983, S. 68.

[44] H.-O. Peitgen/ H. Jürgens/ D. Saupe, *Chaos*, 1994, S. 3.

[45] B. Kanitscheider, *Von der mechanistischen Welt zum kreativen Universum*, 1993, S.13.

[46] Newton hat als Schöpfer dieses Universums Gott vorausgesetzt: „Er setzt ohne weitere Nachfrage wie jeder andere in dieser Zeit die Erschaffung der Welt durch Gott voraus. Er geht von der Aufteilung der ursprünglichen Materie in Atome aus, und er nimmt an, dass Gott das Chaos der unendlich vielen Korpuskeln in der heute sichtbaren Form nach seinem freien Willen geordnet hat. Ohne weitere Voraussetzungen reichen die Prinzipien der rationalen Mechanik in der Sicht Newtons nicht aus, um zu erklären, wie sich ein System wie das der Planeten auf der Grundlage einer ursprünglichen Gleichverteilung der Materie allein durch zufällige Bewegungen der Kopuskeln geformt haben könnte. Die Parameter des Systems sind so zweckmäßig und so fein aufeinander abgestimmt, dass wir einen Konstrukteur annehmen müssen, der sich dies alles aus-

1) Newtons Welt läuft ab wie eine Uhr, die einmal in Bewegung gesetzt und niemals wieder aufgezogen wurde: Beide benötigen nur zur Bewegung die Anfangskraft, die die erste Bewegung befördert.
2) Newtons Welt führt wie eine Uhr zu immergleichem gesetzmäßigem Verhalten: Sie bewegt sich nach der zyklischen Bewegungsform. Daher entstehen keine Veränderungen, die der Regelmäßigkeit entgehen.
3) Newtons Welt bleibt für immer bestehen: Die gesamten Formen der beiden Systeme sind zeitlos.

Die Newtonsche Welt befindet sich in immerwährender Bewegung. Dabei besteht die Uhr aus der Gesamtheit der Himmelskörper. Erde und Sonne sind die wichtigsten zwei Bestandteile dieser Uhr. Nach diesem Naturbild können wir alle zukünftige Ereignisse genau vorhersagen, wenn die Anfangsbedingungen bekannt werden. Newtons Naturbild entspricht der perfekten mechanischen Ordnung.

Trotz dieser perfekten Ordnung, oder besser gesagt wegen dieser perfekten Ordnung, hat Newtons Naturbild einen fundamentalen Schwachpunkt. Aus Newtons mechanisierter ‚Uhr-Welt', die nach einem deterministischen Plan geschaffen und regiert wird, entsteht nichts ‚Neues' im qualitativen Sinne. Alles ist von Anfang an bestimmt. In seiner Welt entsteht nichts, das am Anfang nicht vorhanden ist. Daher kann Newtons Mechanik die wichtigste Eigenschaft der Natur, die qualitative Veränderung nicht erklären. Die Veränderung in seiner Welt ist gleichbedeutend mit der Beschleunigung oder der Verlangsamung. Diese Ortsveränderung genügt nicht, um die wichtige Eigenschaft der Natur, das Schöpfungsphänomen oder die qualitative Änderung, zu erfassen. Ohne diesen Charakter können wir uns die Natur nicht vorstellen. Aber in Newtons Welt ergibt sich die bloße Wiederholung des immer Gleichen: Die Bewegung nach Newtons Gleichung ist eine Veränderung ohne Änderung. „Daher ist seine Veränderung nichts als die Verneinung des Werdens."[47] In Newtons Welt ist schon von Anfang an alles gegeben.[48]

### 2. Die Thermodynamik

Anfang des 19. Jahrhunderts, mit der Entwicklung der Dampfmaschine und anderer Wärmekraftmaschinen, wurde die physikalische Wärmelehre inter-

---

gedacht hat", in: K. Fischer, *Isaac Newton und das verlorene Wissen der Alten*, 2002, S. 55f.

[47] H. Bergson und A. Koyre, zitiert nach: I. Prigogine, *Vom Sein zum Werden*, 1982, S. 25.

[48] Vgl. I. Prigogine, *Dialog mit der Natur*, 1983, S. 67.

essant: Wie schnell erwärmt sich ein Körper, warum kühlt er sich ab, wie viel Wärme kann ein Körper aufnehmen und wie kann man eine Energieform in eine andere überführen usw.?[49] Die auf diese Frage antwortende Theorie ist die Thermodynamik. Die Thermodynamik erklärt die Wärme, die ungeordnete Molekülbewegung, oder die Energie[50] durch makroskopische Parameter wie Temperatur (T), Druck (D), und Volumen (V). Die Thermodynamik enthält daher zwei Ebenen, die mikro- und makroskopische.

Bevor wir fortfahren, werden wir zuerst über den Makro- und den Mikrozustand sprechen. Als Beispiel nehmen wir vier Moleküle, auf zwei Raumhälften verteilt. Eine Momentaufnahme würde die Moleküle nur in einem bestimmten Verteilungszustand, also eines dieser Kästchen zeigen. Sie bewegen sich jedoch aufgrund ihrer kinetischen (thermischen) Energie und gelangen dabei gleich oft in jeden der gezeigten Mikrozustände.[51] (Abbildung 2.1)

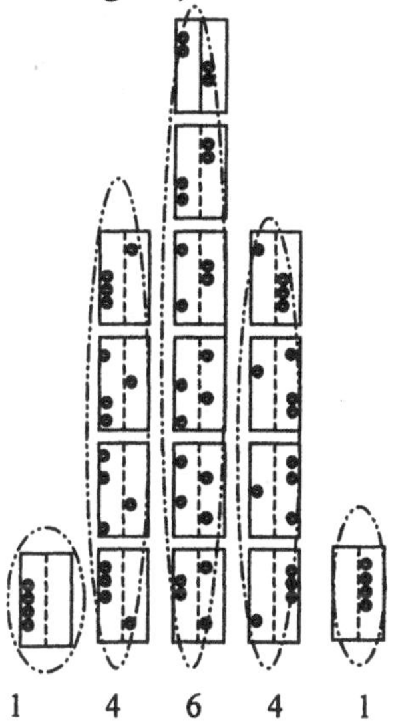


Abbildung 2.1: Mikrozustände (Kästchen) von vier Molekülen, die bestimmte Makrozustände (gestrichelte Ellipse) bilden. Wichtig für die Definition des Gleichgewichts ist, dass die Substanz in allen Mikrozuständen eines bestimmten Makrozustands dieselben makroskopischen Eigen -schaften aufweist: Der Mikrozustand ist ein Prozess, der in einem System abläuft. Im Vergleich dazu ist der Makrozustand das Verhalten des Systems als Ganzes gesehen.

Für die thermodynamischen Eigenschaften (z.B. den Druck, der auf eine Seitenwand ausgeübt wird) sind alle in einer Säule gezeichneten Anordnungen gleichwertig. Sie werden deshalb zusammen als ein ‚Makrozustand'

---

49 Vgl. F. Cramer, *Der Zeitbaum*, 1996, S. 43.
50 Die Wärmeenergie ist kinetische Energie dieser Bewegung.
51 W. A. Kreiner, *Entropie- Was ist das ?*, 2000, S. 11f.

bezeichnet. Die Verbindung zwischen dem Makro- und Mikrozustand bezieht sich auf die mikroskopische kinetische Bewegung der Atome oder Moleküle.[52]
Die Thermodynamik gehört eigentlich zum Bereich der klassischen Physik, weil die kinetische Energie oder die Bewegungsenergie die Summe aller Atome oder Moleküle beinhaltet. Die gesamte kinetische Energie eines Gases hängt daher von den Geschwindigkeiten der gesamten Atome des Systems ab:

$E_{kin} = \sum_{i=1}^{n} m_i v_i^2 / 2$, wobei n die Anzahl der Atome eines Gases, m die Masse eines Atoms und v die Geschwindigkeit eines Atoms ist.

Um die kinetische Energie genau zu berechnen, müssen wir die Geschwindigkeit jedes einzelnen Atoms wissen. Das ist aber unmöglich, weil die Zahl der Atome oder Moleküle eines Gases ungeheuer groß ist. Deshalb benützen wir den Wahrscheinlichkeitsbegriff.
Für die Benutzung des Wahrscheinlichkeitsbegriffs müssen wir das Gleichgewicht eines Systems voraussetzen. Überlässt man ein abgeschlossenes Vielteilchensystem sich selbst, so streben die makroskopisch messbaren Größen (z.B der Druck, die Temperatur, die Dichte usw.) gegen zeitlich konstante Werte. Dies ist ein Erfahrungssatz. Den Makrozustand, in dem die makroskopischen Größen konstante Werte erreicht haben, nennen wir ‚Gleichgewichtszustand' oder kurz ‚Gleichgewicht'. Nur bei diesem Gleichgewichtszustand können wir über Wahrscheinlichkeit reden: Das Gleichgewicht ist das grundlegende Postulat für die Anwendung des Wahrscheinlichkeitsbegriffs:

| Grundlegendes Postulat[53] :<br>Bei einem abgeschlossenen System im Gleichgewicht sind die zugänglichen Mikrozustände gleichwahrscheinlich. |
|---|

Ohne dieses grundlegende Postulat kann der Wahrscheinlichkeitsbegriff nicht benutzt werden, weil für die Benutzung der Verteilungsmöglichkeit der mikroskopischen Zustände (Wahrscheinlichkeit) im Prinzip ein System

[52] Dieser Standpunkt ist die kinetische Gastheorie. Sie leitet die Eigenschaften der Gase aus mechanischen Bewegungsvorgängen der einzelnen Moleküle ab. Vgl. G. H. Vogel, *Physik*, 1995, S. 214.
[53] Vgl. T. Fließbach, *Mechanik*,1999, S. 30.

im Gleichgewicht sein muss. Dieses Postulat kann nicht direkt überprüft werden, weil die zur Bestimmung des Gleichgewichts notwendige Anzahl mikroskopischer Zustände eines Systems viel zu groß ist. Die Thermodynamik bezieht sich auf genau so eine ‚a priori Hypothese'.[54] Die Thermodynamik nimmt dieses grundlegende Postulat an, um Wahrscheinlichkeiten zu bestimmen.

Betrachten wir als Beispiel ein Gas aus Atomen oder Molekülen. Dann fragen wir, mit welchen Wahrscheinlichkeiten $W_i$ ein Energiezustand $E_i$ unter mehreren Energiezuständen im Gas auftritt.[55] Indem wir die Energien von allen Atomen eines Gases messen, werden wir $N_i$-mal die Energie $E_i$ finden, wobei $N_i$ die Anzahl der Messungen der Energie $E_i$ ist. Eine solche Messung bestimmt die Wahrscheinlichkeiten gemäß $W_i = \frac{N_i}{N}$, wobei N die Anzahl aller Atome eines Systems ist. Die Wahrscheinlichkeit $W_i$ ist ein Makrozustand, weil der Zustand eines Systems statt der Orte und der Geschwindigkeiten der Atome durch die Angabe der Wahrscheinlichkeit $W_i$, bzw. durch die Anzahl der gleichen Mikrozustände, bestimmt ist.[56] Während es bei dem Mikrozustand darauf ankommt, ‚welche' Atome oder Moleküle unter bestimmten Bedingungen sind, zählt man beim Makrozustand hingegen, ‚wie viele Moleküle' bei den beliebigen Bedingungen vorliegen. Die Thermodynamik beschäftigt sich daher nicht mit dem Mikrozustand, der durch die Orte und Geschwindigkeiten der Atome definiert wird, sondern mit dem Makrozustand, der durch die Anzahl der Wahrscheinlichkeit im Gleichgewicht bezeichnet wird.[57]

Aufbauend auf solchen Überlegungen versuchte Ludwig Boltzmann[58] mit Hilfe der Mikrozustände diese Wahrscheinlichkeit zu begründen. Betrachtet man ein System, das mit einem Wärmebad der Temperatur T in Kontakt steht, so ist die Wahrscheinlichkeit, dass sich ein System in diesem Zustand befindet,

[54] T. Fließbach, *Mechanik*, 1999, S. 36.

[55] Die kinetische Energie E eines Atoms wird wegen Heisenbergs Unschärfeprinzip mit der Genauigkeit $\Delta E$ gemessen. Durch Stöße untereinander ändern die Atome häufig ihre Energie. Aber im thermodynamischen Gleichgewicht fluktuieren die Energien der Atome eines Systems um den Mittelwert.

[56] Vgl. T. Fließbach, *Mechanik*, 1999, S. 35.

[57] „Die Bestimmung der Beziehungen zwischen den verschiedenen Eigenschaften der Materialien ohne Kenntnis ihrer inneren Struktur ist der Gegenstand der Thermodynamik", in: R. P. Feynman, *Vorlesungen über Physik, Bd.I*, 1987, S. 616.

[58] Ludwig Eduard Boltzmann (1844-1906): Österreichischer Physiker

$W = C e^{\frac{-E}{kT}}$, wobei E Energie, k die Boltzmann Konstante (k = 1,381 $10^{-23}$ J/K), C ein Normierungsfaktor[59] und e der ‚natürliche Logarithmus' ist.

Die Wahrscheinlichkeit bezeichnet eine Anzahl, mit der ein System bei der Temperatur T existieren kann. Die Wahrscheinlichkeit, dass ein System bei einer Temperatur T existieren kann, ist z.B. 0.7[60].
Aufgrund der Boltzmannschen Wahrscheinlichkeit hat Maxwell[61] die Geschwindigkeitsverteilungsfunktion, die nur von der Größe der Geschwindigkeit abhängt, aufgestellt[62]. In dem thermodynamischen Gleichgewicht ist die Wahrscheinlichkeit, ein Atom mit einer Geschwindigkeit v anzutreffen, durch die Boltzmannsche Wahrscheinlichkeit,

$$W(v) = \left(\frac{m}{2\pi kT}\right)^{\frac{3}{2}} \exp\left(\frac{\frac{-mv^2}{2}}{kt}\right) \text{ gegeben.}$$

Nach dieser Formel hängt die Wahrscheinlichkeit nur von der Temperatur ab. Das bedeutet, dass für eine gegebene Temperatur eines Systems im Gleichgewicht die Geschwindigkeitswahrscheinlichkeit berechnet werden kann. Diese Wahrscheinlichkeit ist für den Mittelwert der Geschwindigkeit maximal; dieser Mittelwert der Geschwindigkeit wird nach der Maxwellschen Formel berechnet mit $\bar{v} = \frac{3kT}{m}$.
Aufgrund dieser Ergebnisse können wir mit Hilfe des Mittelwerts der Geschwindigkeit die mittlere kinetische Energie berechnen:
$\overline{W_{kin}} = \frac{3kT}{2}$.[63]

Aus dieser Gleichung ist unmittelbar ersichtlich, dass die Energie eine Funktion der Temperatur ist. Das bedeutet, dass die Energie, die sich auf die mikroskopischen Bewegungen der Atome oder Moleküle bezieht, durch die makroskopischen Größe, die Temperatur, ausgedrückt werden kann.

---

[59] Unter dem Normierungsfaktor versteht man, dass die Wahrscheinlichkeit, das System mit irgendeinem Wert der Energie anzutreffen, gleich ‚1' ist.
[60] Bei der variierten Temperatur (z.B. zwischen $T_0$ und $T_1$) benutzt man statt der ‚Wahrscheinlichkeit' die ‚Wahrscheinlichkeitsdichte'.
[61] Vgl. James Clerk Maxwell (1831-1879) war Britischer Physiker.
[62] Vgl. S. G. Brusch, *The Kind of Motion: We call Heat*, 1976, S. 233.
[63] Wie wir wissen, ist die kinetische Energie $W = \frac{mv^2}{2}$. Wenn wir bei unserem Fall statt v den Mittelwert der Maxwellschen Geschwindigkeit $\bar{v} = \frac{3kT}{m}$ benutzen, bekommen wir den Mittelwert der kinetischen Energie: $\overline{W_{kin}} = \frac{3kT}{2}$.

Die Thermodynamik beschreibt daher die Beziehungen zwischen den makroskopischen Eigenschaften (in diesem Fall Temperatur und Energie). Diese makroskopischen Eigenschaften im Gleichgewicht nennt man ‚Zustandsgrößen'.[64, 65] Beispielsweise kann man ein Gas in ein Gefäß mit festem Volumen einschließen, d.h. das Volumen vorgeben, und dieses Gefäß in ein Wärmebad stellen, so dass das Gas die Temperatur des Wärmebades annimmt. Also sind Temperatur und Volumen als Zustandgröße bei unserem Beispiel gegeben. Der Wert des Druckes stellt sich dabei als Funktion von T und V ein. Hierbei gibt PV = zRT, wobei P ein bestimmter Druck, V das Volumen, T die Temperatur, z die Molzahl[66] und R die universelle Gaskonstante ($R = 8314{,}3\ J\ k\ mol^{-1}K^{-1}$) ist. Man kann auch den Wert des Druckes vorgeben, dann stellt sich ein durch Temperatur und Druck bestimmtes Volumen ein. Durch die gleiche Methode erhalten wir die verschiedenen Zustandsgleichungen (z.B die thermische Zustandsgleichung P(V,T), die kalorische Zustandsgleichung E (V, T) usw.). Die Zustandgrößen hängen miteinander zusammen und die eine Größe kann mit Hilfe der anderen berechnet werden.

Unter diesen Zustandsgrößen existiert eine besondere Größe. Sie hat folgende Eigenschaft: Wenn sie gewählt wird, kann man das betrachtete System vollständig bestimmen und alle anderen Größen berechnen, weil durch sie die anderen Zustandsgrößen vollständig charakterisiert werden. Diese Größe nennt man „ein thermodynamisches Potential"[67] und das ist normalerweise die ‚innere Energie'. Durch die innere Energie können die anderen Zustandsgrößen also normalerweise berechnet werden. Die Energie ist daher ein wichtiger Begriff in der Thermodynamik.

Im ersten Hauptsatz der Thermodynamik geht es um die Energie. Er macht eine Aussage über die Änderung der inneren Energie, $\Delta E = \Delta W + \Delta Q$ (E : Energie, W : die am System geleistete Arbeit, Q : die dem System zugeführte Wärmemenge). Durch den ersten Hauptsatz können wir erkennen, dass Wärme eine Energieform ist und dass damit auch Wärmeenergie in

---

[64] Die Zustandsgrößen können die äußeren Bedingungen sein, wie Temperatur, Volumen oder Druck; es können auch für das betrachtete System charakteristische Größen sein, wie innere Energie usw.

[65] Eine bestimmte Anzahl von Zustandsgrößen in einer Formel kann je nach Zweck ausgewählt werden. Diese Anzahl nennt man die ‚Zahl der Freiheitsgrade des Systems'. Das einfachste System hat zwei Freiheitsgraden.

[66] Mol ist eine SI-Basiseinheit der Stoffmenge, die aus ebenso vielen Einzelteilchen bestehen, wie Kohlenstoffatome in 0.012 kg des Kohlenstoffisotope ${}_{12}^{6}C$ enthalten sind.

[67] P. Rennert /H. Schmiedel (Hg.), *Physik*, 1995, S.124.

mechanische Energie umwandelbar sein muss. Alle Formen von Energie - mechanische Energie, Wärmeenergie, elektrische Energie, chemische Energie, usw. - sind prinzipiell nach dem ersten Hauptsatz der Thermodynamik ineinander umwandelbar. Nur ihre Summe bleibt in einem abgeschlossenen System konstant. Daher nennt man den ersten Hauptsatz ‚eine Bilanzgleichung für Energie': Die einzelnen Energien werden ineinander umgerechnet. Zum Beispiel ist PS (Pferdestärke) als eine mechanische Größe äquivalent zur Wärmeleistung von 735 Joules/sec bzw. 172 Kalorien/sec und diese sind wiederum äquivalent zu der elektrischen Leistung von 0,735 Kilowatt. Nur durch Zuführen (oder Abführen) von Wärmeenergie und Arbeit ändert sich die innere Energie. Neben der Feststellung, dass Wärme eine Energieform ist, enthält der erste Hauptsatz auch eine andere Aussage: Die innere Energie ist eine Zustandsgröße. Das bedeutet, dass die innere Energie eine eindeutige Funktion der Zustandsgrößen, z.B von Volumen und Temperatur, ist; $E = f(V,T)$.
Nach der Entdeckung des ersten Hauptsatzes haben damalige Physiker, besonders Clausius[68], bemerkt, dass für eine Erklärung allgemeiner thermodynamischen Erscheinungen der erste Hauptsatz der Thermodynamik nicht ausreichend ist: Die Möglichkeiten der Umwandlung von Energie müssen eingeschränkt werden und die wahrscheinlicheren und unwahrscheinlicheren Abläufe im Naturgeschehen müssen beschrieben werden. Für diese Phänomene musste noch zusätzlich ein Gesetz eingeführt werden. Als Ausgangspunkt benutzte Clausius 1854 das Axiom, dass die Wärme nicht von sich aus von einem kälteren auf einen wärmeren Körper übergeht. Dieses Axiom ist eine allgemeinverständliche Formulierung des zweiten Hauptsatzes der Thermodynamik.[69] Im Vergleich zum ersten Hauptsatz, in dem die Energie als Zustandsgröße anerkannt wird, enthält der zweite Hauptsatz als Zustandsgröße des wahrscheinlichen Übergangs die ‚Entropie'.[70] Die Entropie gibt an, ob eine Zustandsänderung in natürlicher Richtung, d.h. in der Richtung der zunehmenden Entropie, verläuft oder nicht.

---

[68] Rudolf Clausius (1822-1888): Deutscher Chemiker und Physiker. Im Jahre 1865 formulierte er den zweiten Hauptsatz der Thermodynamik und führte den Entropiebegriff ein.

[69] Vgl. K. Simonyi, *Kulturgeschichte der Physik*, 1995, S. 369.

[70] Clausius prägte den Begriff „Entropie" nach dem griechischen Wort ‚trope' (Wendung) verbunden mit der Vorsilbe für „enthalten, innen", so dass das Wort „Veränderungsgehalt" oder „Wandlungspotential" bedeutet. P. Coveney/R. Highfield, *Anti-Chaos*, 1994, S. 194.

Mit Hilfe des zweiten Hauptsatzes der Thermodynamik können wir den ‚reversiblen' und den ‚irreversiblen Prozess' unterscheiden. Ein reversibler Prozess kann auch in umgekehrter Richtung durchlaufen werden, wobei keine Veränderungen in der Umgebung zurückbleiben. Ist eine solche Umkehrung des Prozesses nicht möglich, ist es ein irreversibler Prozess. Bei reversiblen Prozessen ändert sich die Entropie in einem abgeschlossenen System nicht. Im Vergleich dazu nimmt bei irreversiblen Prozessen die Entropie in einem abgeschlossenen System zu und erreicht ihr Maximum im thermodynamischen Gleichgewicht eines abgeschlossenen Systems. Dabei kann die Entropie eines abgeschlossenen Systems nicht abnehmen. Abgeschlossene Systeme gehen von sich aus nur in Zustände mit einer größeren Entropie über, d.h. in wahrscheinlichere oder ungeordnetere Zustände. Da die Entropie eine Zustandsgröße ist, kann mit dieser Formulierung darüber entschieden werden, welche Endzustände eines Systems bei vorgegebenen Ausgangszuständen erreicht werden können.
Die Entropie wird durch den mathematischen Begriff der Wahrscheinlichkeit der Mikrozustände eines abgeschlossenen Systems ausgedrückt. In diesem Sinne kann die Bedeutung der Entropie so interpretiert werden, dass die Entropie S die Anzahl der gleichwahrscheinlichen Realisierungsmöglichkeiten ist. Daher bedeutet das Maximum der Entropie im Gleichgewicht die wahrscheinlichste Realisierungsmöglichkeit im Gleichgewicht. Ein System entwickelt sich von der niedrigeren zur höheren Entropie. Das ist ein irreversibler Vorgang. Bei diesem Vorgang wird ein beobachtbarer Makrozustand durch eine große Anzahl W von Mikrozuständen verwirklicht. Wenn ein Makrozustand durch W solcher Mikrozustände verwirklicht wird, so wird die Entropie des Makrozustandes durch $S = k \ln W$ mit der Boltzmannschen Konstante k bestimmt.
Boltzmann hat den Begriff der Entropie mit Hilfe der Hamiltonschen Funktion [71], die den Zustand eines Systems mit den Lagen und den Impulsen der

[71] Durch Verwendung der Lage (q) und des Impulses (p) bekommen wir Hamiltons Bewegungsgleichung. Die Hamiltonsche Bewegungsgleichung ist eine erweiterte Newtons Mechanik. In Newtons Mechanik kann der Weg eines Körpers durch Integration errechnet werden. Aber bei einem System, das viele Freiheitsgrade enthält, muss die Gleichung mehr verfeinert und verallgemeinert werden, weil mit Hilfe des Begriffs des Wegs oder der Trajektorien die mechanische Bewegung nicht gelöst werden kann. Hamiltons Funktion drückt durch die Variablen ‚Lagen' und ‚Impuls' die mechanische Bewegung eines Systems als die innere Energie aus: E ( die gesamte Energie) = E ( die kinetische Energie) + E ( die potentiale Energie), wobei die kinetische Energie von Impuls und die potentiale Energie von Lage abhängt.

Moleküle ausdrückt, näher untersucht. Boltzmann schlug eine statistisch-mechanische Erklärung vor. Er versuchte, die Makrozustände eines Systems, wie z.B. Wärme oder Energie, auf die Stoßmechanik von Molekülen zurückzuführen. Wir betrachten ein aus N Molekülen bestehendes System und unterteilen nun den Phasenraum und nummerieren die so entstehenden ‚Zellen' durch $N_1$, $N_2$,...., $N_n$, wobei $N_1$, $N_2$,...., $N_n$ die Makrozustände sind[72]. Mit dieser Nummerierung können wir die einzelnen Stellen im Phasenraum kennzeichnen. Den Mikrozustand des Gases kennen wir dann vollständig, wenn wir zu einem gegebenen Zeitpunkt von jedem markierten ‚individuell' unterscheidbaren Molekül wissen, in welcher Phasenraumzelle es sich befindet, da dann sowohl die Lage als auch die Geschwindigkeiten aller Moleküle bekannt sind. Wir gehen nun im Folgenden von der Annahme aus, dass jeder der oben definierten Mikrozustände eines Gases im Gleichgewichtszustand mit der gleichen Wahrscheinlichkeit auftritt.

Die Zahl der möglichen Mikrozustände ist $W = \frac{N!}{N_1!N_2!.....N_n!}$: Die möglichen Mikrozustände werden durch die betreffenden Makrozustände ($N_1$, $N_2$,...., $N_n$) bezeichnet.

Ein Gas geht von einem beliebigen Ausgangszustand in kurzer Zeit in einen Zustand mit der maximalen thermodynamischen Wahrscheinlichkeit über. Befindet sich z.B. in einem durch eine Trennwand in zwei Teile unterteilten Gefäß ein Gas, so ist die Wahrscheinlichkeit für einen Zustand mit unterschiedlichen Drücken in beiden Teilvolumina wesentlich geringer als für einen Zustand mit dem gleichen Druck auf beiden Seiten der Trennwand. In diesem Fall untersuchen wir die Verteilungsmöglichkeiten von N Molekülen auf zwei gleiche Kästen mit $N_1$ Partikeln im linken und $N_2$ Partikeln im rechten Kasten. Bei 10 Partikeln wird die Verteilung (10,0) durch einen Fall, die Verteilung (9,1) durch 10 Fälle, die Verteilung (8,2) durch 45 Fälle etc. realisiert. Die Gleichgewichtsverteilung (5,5) hat die meisten Realisierungsmöglichkeiten. Allgemein beträgt die Zahl der Fälle der Verteilung ($N_1$, $N_2$) für zwei Kästen
$W = \frac{N!}{N_1!N_2!}$. Das Maximum von W liegt bei $N_1 = N_2$.

[72] Vgl. K. Simonyi, *Kulturgeschichte der Physik*, 1995, S. 99, S. 372ff.

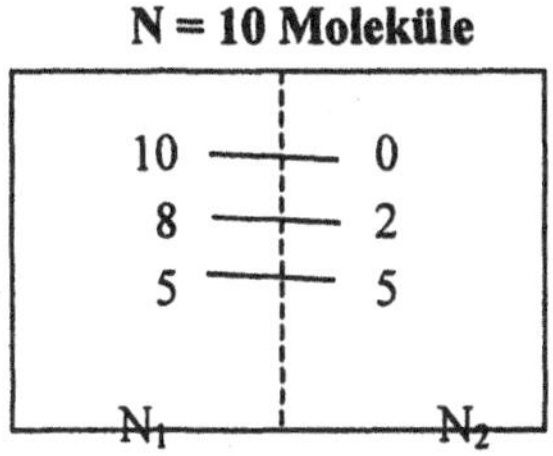


Abbildung 2.3 Bei dem Fall $N_1 = 10$ und $N_2 = 0$ ist die Wahrscheinlichkeit $W = \frac{N!}{N_1 N_2} = \frac{1\cdot2\cdot3\ldots10}{1\cdot2\cdot3\ldots10} = 1$, beim Fall $N_1 = 8$ und $N_2 = 2$ die Wahrscheinlichkeit $W = \frac{1\cdot2\cdot3\ldots10}{(1\cdot2\cdot\ldots8)(1\cdot2)} = 45$ und beim Fall $N_1 = 5$ und $N_2 = 5$ die Wahrscheinlichkeit $W = \frac{1\cdot2\cdot3\ldots10}{(1\cdot2\ldots5)(1\cdot2\ldots5)} = 252$.

Mit der thermodynamischen Wahrscheinlichkeit haben wir die Zustandsgröße der Entropie gefunden. Die Entropie ist die Größe, die in der makroskopischen Thermodynamik die Richtung bestimmt, in der die Prozesse ablaufen. Wir erinnern uns daran, dass nach dem zweiten Hauptsatz die Entropie in einem abgeschlossenen System nur anwachsen kann. Ein Makrozustand geht also in einen Zustand mit der maximalen thermodynamischen Wahrscheinlichkeit über. Folglich muss zwischen der thermodynamischen Wahrscheinlichkeit des Makrozustandes eines Gases und der Entropie ein enger Zusammenhang bestehen, d.h. die Entropie sollte eine Funktion der thermodynamischen Wahrscheinlichkeit sein.

Diese Funktion kann sehr leicht bestimmt werden. Nach den Gesetzen der Thermodynamik ist die Gesamtentropie zweier Gase, die sich in voneinander isolierten Gefäßen befinden, gleich der Summe der Entropien beider Gase, d.h. $S = S_1 + S_2$. Die Wahrscheinlichkeit hingegen, dass sich zu einem bestimmten Zeitpunkt das Gesamtsystem in einem vorgegebenen Zustand W befindet, ergibt sich aus $W = W_1 W_2$ mit $W_1$ und $W_2$ als den thermodynamischen Wahrscheinlichkeiten beider Gase. Wir haben dabei beachtet, dass die Wahrscheinlichkeit für das gleichzeitige Eintreffen zweier voneinander unabhängiger Ereignisse gleich dem Produkt der Wahrscheinlichkeiten für die beiden Einzelereignisse ist. Aus dem Gesagten folgt, dass $S = f(W)$ so gewählt werden muss, dass sich $S = S_1 + S_2$ mit $f(W_1 W_2) = f(W_1) + f(W_2)$ erfüllen lässt. Mit dieser Forderung ist die Funktion $f(W)$ als $S = k \ln W$ festgelegt, da der Logarithmus eines Produktes gleich der Summe der Logarithmen der Faktoren ist, wobei k die uns schon bekannte universelle Konstante ist. Diese Beziehung wurde zum erstenmal von Boltzmann 1877 aufgestellt und von Maxwell 1879 verallgemeinert.[73] Boltzmanns statistisch-mechanischer Ansatz bestand also

[73] Gegen Boltzmanns statistisch-mechanische Erklärung der Thermodynamik wurden historisch eine Reihe von Einwänden vorgebracht. So kritisierten E. Mach, P. Duhem u.a., dass sich Boltzmann der Molekularhypothese bediente, die seinerzeit empirisch nicht belegt war und daher als metaphysisch empfunden wurde. Heutzutage kann nach

darin, das makroskopische Geschehen durch mikroskopische Vorgänge mit sehr vielen Teilen und sehr vielen Freiheitsgraden zu erklären. Durch seinen Ansatz kann der Zusammenhang zwischen dem Mikrozustand und dem Makrozustand statistisch hergestellt werden.
Der dritte Hauptsatz der Thermodynamik liefert Aussagen über das Verhalten thermodynamischer Größen im thermodynamischen Gleichgewicht bei Annäherung an den absoluten Nullpunkt: Die Entropie strebt bei Annäherung an den absoluten Nullpunkt einem konstanten, von Volumen, Druck und anderen Zustandsgrößen unabhängigen Wert zu.
Bis jetzt haben wir den allgemeinen theoretischen Charakter der Thermodynamik betrachtet. Behandeln wir nun mit Hilfe dieser Vorkenntnis den Zusammenhang zwischen den Mikrozuständen und den Makrozuständen in der Thermodynamik. Obwohl Hamiltons Funktion, die die grundlegende Gleichung in der Thermodynamik ist, die Mikrozustände ausdrückt, sind bei der Thermodynamik die einzelnen Mikrozustände und ihre zeitliche Abfolge im betrachteten physikalischen System ohne Interesse. Dagegen ist relevant, wie viele Mikrozustände überhaupt auftreten, und mit welchem statistischen Gleichgewicht. Die Thermodynamik beschäftigt sich daher mit der statistischen Verteilung der Mikrozustände. Diese Verteilung wird durch die Angabe der Wahrscheinlichkeit W für die Mikrozustände im Gleichgewicht ausgedrückt[74]. Die Angabe der Wahrscheinlichkeit W stellt den Zustand des Systems (d.h. den Makrozustand) dar. Durch diese Wahrscheinlichkeit werden die Werte der makroskopischen Größen und die Beziehungen dieser Größen bestimmt. Die Thermodynamik geht von der mikroskopischen Struktur des betrachteten Systems aus und behandelt die mikroskopischen Freiheitsgrade statistisch. Dies führt zu Aussagen über makroskopische Größen und ihre Beziehungen zueinander. Die Ableitung des makroskopischen Zusammenhangs eines Systems beruht daher auf seiner mikroskopischen Struktur.
Der Zusammenhang zwischen den Mikrozuständen und den Makrozuständen ist folgender.[75]

---

experimentellem Nachweis von Molekülen und Atomen dieser Einwand nur noch historisches Interesse haben. Vgl. K. Mainzer, *Symmetrie der Natur*, 1988, S. 349.

[74] Mit Hilfe unseres grundlegenden Postulats gehen wir davon aus, dass jeder Mikrozustand im Gleichgewichtszustand die gleiche Wahrscheinlichkeit aufweist. Unter diesem Postulat berechnen wir die Zahl möglicher Mikrozustände, d.h. die Wahrscheinlichkeit unter beliebigen Bedingungen.

[75] T. Fließbach, *Mechanik*,1999, S.49.

(1) (2) (Beziehung zwischen makroskopischen Größen)

H ⟶ W ⟶ E (T,V,N) : Energie-Zustandsgleichung

(Hamiltonfunktion) (Wahrscheinlichkeit) S (E,x): Entropie-Zustandsgleichung

Der erste Schritt (1) beschreibt den Übergang von der Hamiltongleichung, die sich auf den Ort und den Impuls jedes Moleküls bezieht, zur Wahrscheinlichkeit, die eine statistische Betrachtungsmethode ist. Dieser Schritt ist noch mikroskopisch, weil es bei diesem Übergang noch um den Zustand der Gasmoleküle geht. In diesem Zustand werden Moleküle individuell betrachtet.
Bei dem zweiten Schritt (2) geht es um die Beziehung zwischen den makroskopischen Größen. Zum Beispiel wird die Entropie durch Wahrscheinlichkeit bestimmt. Wie wir oben gesehen haben, ist der Begriff ‚Wahrscheinlichkeit' eine makroskopische Betrachtung. Daher wird der Zusammenhang zwischen der Entropie und der Wahrscheinlichkeit makroskopisch bestimmt. Dieser Schritt ist für unsere spätere Diskussion wichtig, weil durch den Wahrscheinlichkeitsbegriff die mikroskopische und die makroskopische Ebene verbunden werden. Wegen dieses Schrittes kann die Thermodynamik beide Ebenen - die mikro- und die makroskopische Ebene – enthalten und in Zusammenhang bringen. Die Thermodynamik ist daher eine Theorie, die die Verbindung zwischen den zwei Ebenen darstellt. In diesem Sinne schlägt die Thermodynamik eine Brücke zwischen zwei Bereichen.

## 3. Die Quantentheorie

### 3.1. Das quantentheoretische Weltbild

Das Naturbild der Quantentheorie ist ganz anders als Newtons Naturbild. Alles in Newtons Natur ist bestimmt und gewiss: Sind der Ort und der Impuls vollständig bekannt, kann man die Bewegung eines Körpers durch diese Kenntnis vollständig vorhersagen, wobei das Newtonsche Weltbild voraussetzt, dass die Anfangsbedingungen des Ortes und des Impulses genau gemessen werden können. Im Vergleich zu diesem Naturbild enthält die quantentheoretische Natur die Unsicherheit und die Ungewissheit. Manche Eigenschaften eines Quantenobjekts (z.B. Ort und Impuls) existieren vor der Messung nicht. Zuerst muss der Experimentator entscheiden, welche Eigenschaft er messen will. Danach manipuliert er die wellenartige Zustandsfunktion eines Quantenobjekts (oder Teilchens) für seinen Zweck. Nach dieser Manipulation enthält die Zustandswellenfunktion eines Quantenobjekts diese Eigenschaft (z.B. die Ortseigenschaft).[76] Dabei zeigt die manipulierte Zustandswellenfunktion einen ungewöhnlichen Aspekt im Vergleich zur Newtonschen Mechanik. Die Zustandswellenfunktion beschreibt nämlich die Eigenschaft eines Teilchens (z.B. die Ortseigenschaft) mit der ,Wahrscheinlichkeit'. So ist die Wahrscheinlichkeit, dass das Teilchen an einem Ort x existiert, in der Quantentheorie nicht 100%, sondern weniger. Die Zustandswellenfunktion gibt uns nur Wahrscheinlichkeit eines Ereignisses an.

Soll die Eigenschaft eines Objektes zuverlässig bestimmt werden, so muss man das Quantenobjekt ,tatsächlich' messen. Danach enthält das Quantenobjekt diese ,bestimmte' Eigenschaft. Allerdings verändert dieser Messvorgang die Eigenschaft der Zustandswellenfunktion. Die Zustandswellenfunktion ist nach dem Messvorgang nicht mehr wellenartig, sondern teilchenartig. Die Messung realisiert eine Möglichkeit unter den mehreren, die durch die Zustandswellenfunktion ausgedrückt werden. Dieses Phänomen in der Quantentheorie nennen Physiker den ,Zusammenbruch der Zustandswellenfunktion': Bei der Messung kollabiert die wellenartige Zustandswellenfunktion und zeigt ein teilchenartiges Ergebnis. Das bedeutet, dass ein ungemessenes Quantenobjekt den Charakter einer Welle hat und ein gemessenes Quantenobjekt den Charakter von Teilchen: Der physikalische Charakter eines Quantenobjekts hat sich durch den Messvorgang geändert.[77]

---

[76] Dem kleinsten Baustein der heutigen Atomphysik, dem Elektron, kommen nach dieser Theorie auch die einfachsten geometrischen und mechanischen Eigenschaften nicht mehr ,an sich' zu, sondern nur in dem Maß, in dem sie durch äußere Eingriffe der Beobachtung zugänglich gemacht werden. Vgl. W. Heisenberg, *Wandlungen in den Grundlagen der Naturwissenschaft*, 1947, S. 84.

[77] Diese Eigenschaft der Quantentheorie nennt Niels Bohr (1885-1962) ,Komplementarität'. Durch sein Komplementaritätsprinzip wollte er den Dualismus zwischen Wellen und Teilchen in der Quantentheorie aufheben. Bohrs Begriff der Komplementarität stammt aus seiner Annahme der Welle-Teilchen Dualität. Diesen Dualismus hat Bohr als ein Postulat der Quantentheorie betrachtet, dem ein nichtanalysierbarer Zustand entspricht. Die Plancksche Konstante verbindet die einander gegenseitig ausschließenden aber dennoch für eine Erklärung notwendigen Variablen. Nach Bohr ist das Unschärfeprinzip ein Spezialfall des allgemeinen Komplementaritätsprinzips: "The very nature of quantum theory thus forces us to regard the space-time co-ordination and the claim of causality, the union of which characterises the classical theories, as complementary but exclusive features of the description, symbolising the idealisation of observation and definition respectively", in: Niels Bohr, *The Quantum Postulate and the Recent Development of Atomic Theorie*,1985, S. 115. „Indeed, in the description of

Neben dem Zusammenbruch der Zustandswellenfunktion lässt sich noch ein anderer ungewöhnlicher Aspekt in Form des Heisenbergschen Unschärfeprinzips aufweisen. Heisenberg hat mit seinem Unschärfeprinzip ausgedrückt[78], dass es nicht möglich ist, den Ort und die Geschwindigkeit eines Quantenobjekts gleichzeitig mit beliebiger Genauigkeit anzugeben. Man kann entweder den Ort sehr genau messen, dann verwischt sich durch den Eingriff des Beobachtungsinstruments die Kenntnis der Geschwindigkeit bis zu einem gewissen Grad; umgekehrt verwischt sich die Ortskenntnis durch eine genaue Geschwindigkeitsmessung. Dabei ist für das Produkt der beiden Ungenauigkeiten die Plancksche[79] Konstante ( $h = 6.55 \times 10^{-27}$) als untere Grenze gegeben.[80]
Dieser bizarre Charakter der Quantenobjekte hat uns zumindest für die mikroskopische Welt zu einer neuen Vorstellung über die Natur gezwungen, die bis Ende des 19. Jahrhundert nicht bekannt war. In diesem Sinne ist das Bestreben, die Quantenwelt zu verstehen, eine wichtige Voraussetzung für das Verständnis unserer Natur.
Um die Quantenwelt genau zu betrachten, beleuchten wir zuerst die traditionelle Quantentheorie, danach das Quantenmessproblem. Das Messproblem ist sehr wichtig in der Quantentheorie. Fast alle Probleme in der Quantentheorie, die häufig und heftig diskutiert werden, beziehen sich auf

---

atomic phenomena, the quantum postulate presents us with the task of developing a ‚complementarity' theory the consistency of which can be judged only by weighting the possibilities of description and observation",in: Niels Bohr, *The Quantum Postulate and the Recent Development of Atomic Theory*, 1985, S. 580. Im Gegensatz zu Bohr betrachtet Heisenberg die Dualität, besonders sein Unschärfeprinzip als reinen Formalismus. Er hat für das Quantenphänomen den Dualismus im ontologischen Sinne nicht vorausgesetzt. Er hat nur gesagt, dass wir einen Quantenzustand nie gleichzeitig als Wellen und Teilchen beobachten können. Vgl. M. Jammer, *The Conceptual Development of Quantum Mechanics*, 1988, S. 362.

[78] Heisenbergs Unschärfeprinzip drückt die Beziehung zwischen den jeweiligen Unschärfen der Orts- und Impulsmessung in folgender Weise aus : $\Delta x \Delta p \geq h$ (Ortsunschärfe mal Impulsunschärfe ungefähr gleich oder größer als das Plancksche Wirkungsquantum). Die Gleichung ist der mathematische Ausdruck für die Wechselbeziehung. Will man die Ortsunschärfe sehr klein halten, dann kann die Impulsunschärfe nicht gleichzeitig auch klein sein. Wären beide zugleich klein, würden sie die Unschärferelation nicht mehr erfüllen, derzufolge ihr Produkt immer in etwa das Plancksche Wirkungsquantum ergeben muss. Vgl. T. Hey/P. Walters, *Das Quantenuniversum*, 1998, S.39.

[79] Max Planck (1858 – 1947): Deutscher Physiker und Nobelpreisträger (1918).

[80] W. Heisenberg, *Das Naturbild der heutigen Physik*, 1955, S.28.

Messprobleme. Die unterschiedlichen Lösungen, besonders die Kopenhagener[81] Deutung und Einsteins Behauptungen, stellen eine jeweils unterschiedliche Quantenrealität vor. Es gibt immer noch keinen allgemeinen Konsens auf diesem Gebiet.

### 3.2. Erläuterung der Quantentheorie

Die Quantentheorie ist eine Methode oder ein begriffliches Rezept, Quantenobjekte mathematisch zu beschreiben. Obwohl sich die Quantentheorie aus ziemlich abstrakten mathematischen Begriffen zusammensetzt, hat sie wie andere physikalische Theorien mit der Realität zu tun. In diesem Sinne sind Vorhersagen in der Quantentheorie sehr wichtig. Daher muss die Quantentheorie zumindest folgendes enthalten:

1. Eine mathematische Größe, die das Quantenobjekt darstellt: Das beschreibt man durch die Quantenzustandswellenfunktion ($\Psi$).
2. Ein Gesetz, das beschreibt, wie sich diese Größe bei der Messung ändert.
3. Eine Korrespondenzregel, die angibt, wie die Symbole der Theorie in die tatsächlichen Ereignisse in der Realität übersetzt werden.

Betrachten wir zuerst die mathematische Größe des Quantenobjekts. Ein Quantenobjekt stellt man durch eine Zustandswellenfunktion dar, die man die Wellenfunktion des Quantenzustands nennt und die mit $\Psi$ bezeichnet wird. Die meisten Physiker behandeln die Wellenfunktion als rein rechnerisches Mittel, nicht als eine wirkliche Welle, die irgend wie im Raum vorhanden ist. Dabei lässt sich die Entwicklung der Zustandswellenfunktion mit der Zeit durch die Schrödingergleichung beschreiben.[82] Die Schrödingergleichung ist die Grundgleichung der Quantentheorie. Durch diese Gleichung kann man die Aufenthaltswahrscheinlichkeit eines Quantenobjekts berechnen. Die Schrödingergleichung wird normalerweise in folgender Form ausgedrückt, $iq\psi_t =( h^2/ 2m)\, \Delta\psi + U\psi$, wobei $\psi$ die gesuchte Zustandswellenfunktion ist, m die Masse des Quantenobjekts, U das Potential des Kraftfeldes, in dem das Quantenobjekt sich befindet, h das Plancksche Wirkungsquantum, und $q = h/2\pi$. Die Schrödingergleichung sagt aus, dass wir die geeignete Zustandswellenfunktion je nach den zutreffenden Umgebungen bekommen, wenn wir die in dieser Gleichung

[81] Die von Bohr und Heisenberg begründete Quantentheorie

[82] Erwin Schrödinger (1887–1961): Österreichischer Physiker, Nobelpreisträger und einer der Begründer der Quantentheorie. Er hat 1926 seine Gleichung formuliert, um die zeitliche Entwicklung eines Quantenobjekts zu bestimmen.

dafür auftauchenden Grössen kennen; wenn wir die Masse des Quantenobjektes und das Potential des Kraftfeldes wissen, können wir die Zustandswellenfunktion für diese Umgebung lösen.
Im mathematischem Sinne stammt die Schrödingergleichung von der Hamilton-Funktion ab, die eine erweiterte Form der Newtonschen Formulierung ist: Die Schrödingersche, die Hamiltosche und die Netonsche Gleichung sind klassische lineare Differentialgleichungen. Daher gehört die Schrödingergleichung zur klassischen Mechanik[83], und folglich ist die Quantentheorie deterministisch, linear[84] und zeitreversibel. Wenn wir den Anfangszustand eines Quantenobjektzustands zur Zeit t kennen, können wir mit Hilfe der Schrödingergleichung den Quantenobjektzustand zur Zeit t+n berechnen[85]. Aber in Vergleich zu Newtons Mechanik weist die Quantentheorie einen Unterschied auf. Während gewöhnliche Wellen ihre Energie in Form ihrer Amplitude enthalten, stellt bei der Zustandswellenfunktion in der Quantentheorie das Absolutquadrat der Amplituden ( $|\psi|^2$ ) eine Wahrscheinlichkeit dar: Mehr Quantenobjekte werden dort gefunden, wo $|\psi|^2$ groß ist; wo $|\psi|^2$ klein ist, sind es weniger.
Trotz dieses Unterschieds zwischen der Quantenzustandswellenfunktion und der normalen Wellenfunktion besitzt die Quantenzustandswellenfunktion sowohl Amplitude als auch Phase und genügt dem Überlagerungsprinzip oder Superpositionsprinzip, d.h. phasenabhängige konstruktive und destruktive Interferenz. Sehen wir uns diesen wellenartigen Charakter des Quantenzustandes im Vergleich zu Körpern an.
Betrachten wir dabei das Verhalten von Kugeln (sieh Abbildung 3.1).[86] Wir haben ein Maschinengewehr, das eine Salve von Kugeln verschießt. Vor dem Gewehr ist eine Wand, in der zwei Löcher sind ( Loch 1 und Loch 2). Hinter der Wand ist eine Auffangwand, die die Kugeln beim Auftreffen ‚absorbiert'.
Wenn Loch 2 abgedeckt ist, können die Kugeln nur durch Loch 1 gehen. Als Ergebnis erhalten wir eine Kurve, die die Orte oder die Wahrschein-

---

[83] Vgl. F. Hund, *Geschichte der Quantentheorie*, 1975, S.145.
[84] Die Schrödingergleichung ist linear. Wenn wir zu einer gegebenen Zeit t die Beziehung $\psi(t) = a_1\psi_1(t) + b_1\psi_2(t)$ haben, dann haben wir zu einer anderen beliebigen Zeit t', die früher oder später als t sein kann, die Beziehung $\psi(t') = a_1\psi_1(t') + b_1\psi_2(t')$. Vgl. I. Prigogine, *Vom Sein zum Werden*, 1982, S. 74.
[85] Schrödinger selber sagt, dass sich die Zustandswellenfunktion in der Schrödingergleichung mit der Zeit, genau wie der Zustand des Modells in der klassischen Theorie, zwangsläufig und eindeutig (kausal) verändert.
[86] Vgl. R. Feynman, *Vorlesungen über Physik, Bd. III*, 1988, S.18ff.

lichkeitsverteilung der Kugeln darstellt und in Teil (b) der Abbildung mit $P_1$ bezeichnet ist. Wenn Loch 1 geschlossen ist, bekommen wir die symmetrische Kurve $P_2$. Und wenn beide Löcher offen sind, bekommen wir das Ergebnis $P_{12}$. Vergleichen wir die Teile (b) und (c) in unserer Abbildung, finden wir als wichtiges Ergebnis, $P_1 + P_2 = P_{12}$.
Die Wahrscheinlichkeiten der zwei Kurven addieren sich einfach. Bei unserem Beispiel entsteht keine Interferen

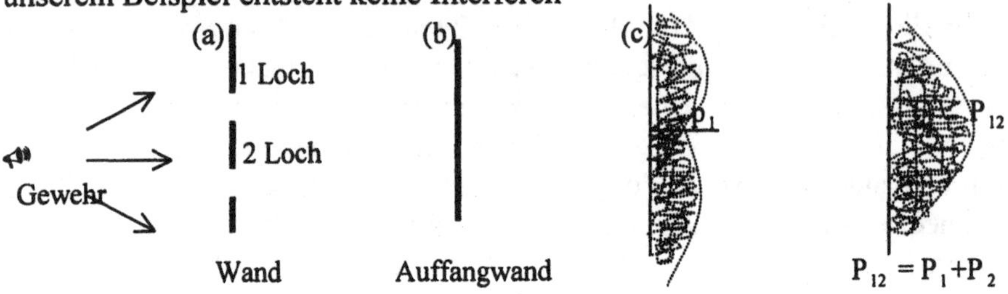


Abbildung 3.1: Experiment mit Kugeln

Jetzt wollen wir uns als zweites Beispiel einen Versuch mit Wasserwellen ansehen. Der Versuchsaufbau ist folgender: Wir haben ein flaches Gefäß mit Wasser. Das Wasser wird von einem Motor auf und nieder bewegt und erzeugt kreisförmige Wellen. Rechts von der Quelle haben wir eine Wand, und dahinter ist eine zweite Wand, die die dort ankommenden Wellen absorbiert.
Wenn wir jeweils ein Loch abdecken und die Intensitätsverteilung am Absorber messen, so erhalten wir die ziemlich einfachen Intensitätskurven, die in Teil (b) der Abbildung 3.2 dargestellt sind. $I_1$ ist die Intensität der Wellen aus Loch 1, und $I_2$ ist die Intensität der Wellen aus Loch 2.
Wenn beide Löcher offen sind, bekommen wir die Intensität $I_{12}$, die nun nicht die Summe von $I_1$ und $I_2$ ist ( $I_{12} = | I_1 | + | I_2 |$ ergibt wie beim Kugelexperiment), sondern $I_{12} = = | I_1 + I_2 |^2$: Die Wellen interferieren.

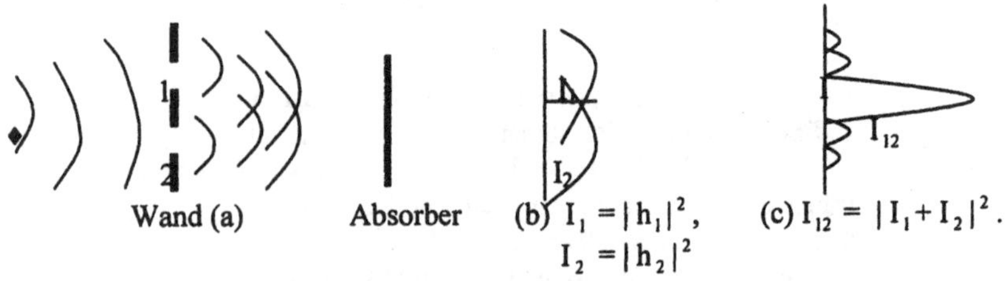


Abbildung 3.2: Interferenzexperiment mit Wasserwellen

Wir stellen uns jetzt als das dritte Beispiel ein ähnliches Experiment mit Elektronen (Quantenobjekten) vor. Wir haben eine Elektronenkanone. Vor der Kanone ist wieder eine Wand mit zwei Löchern. Hinter der Wand gibt es eine Platte, bzw. Auffangwand. Die Wahrscheinlichkeit, dass die Elektronen nur durch Loch 1 kommen, ist $P_1$; die Wahrscheinlichkeit, dass die Elektronen nur durch Loch 2 kommen, ist $P_2$ .
Wenn beide Löcher offen sind, ist das Ergebnis $P_{12}$ nicht etwa die Summe von $P_1$ und $P_2$. Ähnlich wie im Wasserwellenversuch tritt nämlich Interferenz ein: $P_{12} = |P_1 + P_2|^2$

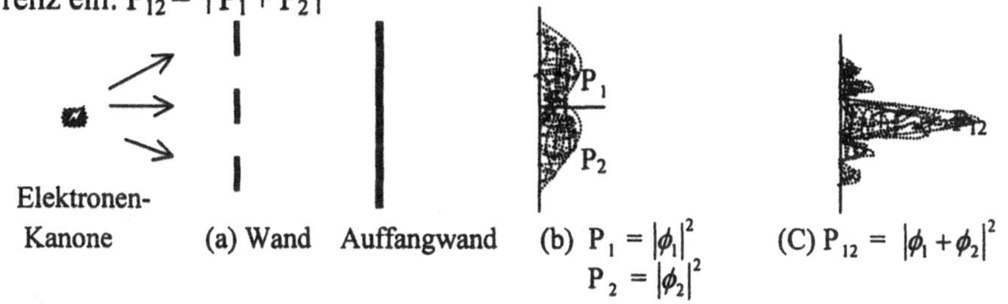


Abbildung 3.3: Interferenzexperiment mit Elektronen

Wie kann eine solche Interferenz bei dem teilchenartigen Elektron entstehen? Die Antwort, die die Physiker geben können, ist folgende: Obwohl die gemessenen Quantenobjekte Teilchen sind, ist ihre Ankunftswahrscheinlichkeit verteilt wie die Intensität einer Welle. Daher beschreibt man den Zustand eines Teilchens mit Hilfe der Wellenfunktion.[87] Die Ergebnisse der drei Experimente lassen sich wie folgt darstellen:

| Kugeln | Wasserwellen | Elektronen |
|---|---|---|
| *kommen stückweise gemessen wird | *können jede Größe haben | *stückweise oder Welle |
| *Wahrscheinlichkeit des Eintreffens | *Intensität der Wellen | *Wahrscheinlichkeit des Eintreffens |
| $P_{12} = P_1 + P_2$ | $P_{12} \neq P_1 + P_2$ | $P_{12} \neq P_1 + P_2$ |
| Keine Interferenz | zeigt Interferenz | zeigt Interferenz |

Bis jetzt haben wir das Quantenobjekt als mathematische Größe betrachtet. Sehen wir jetzt das Gesetz der Quantentheorie an. Dazu müssen wir uns zu-

[87] Obwohl die Quantentheorie die wellenartige Darstellung benutzt, ist jedes wirkliche Quantenereignis völlig teilchenartig. Während die gesamte Intensität beim Experiment der Elektron-Kanone der Interferenz entspricht, sind die Elemente innerhalb des Musters völlig teilchenartig: Die Blitze auf einem Phosphorbildschirm sind Punkte. In diesem Sinne verhält sich ein Quantenobjekt manchmal wie Teilchen und manchmal wie Welle.

erst mit dem Ausdruck ‚Attribut' in der Quantentheorie beschäftigen. Jedes Quantenteilchen besitzt zwei Arten von Attributen: statische und dynamische. Ein statisches Attribut hat bei jeder Messung immer denselben Wert. Die wichtigen statischen Attribute in der Quantentheorie sind Ruhemasse und Ladung.[88] Die statischen Attribute bleiben gleich für die gesamte Existenzdauer des Quantenobjekts. Im Vergleich zu den statischen Attributen ändern sich die dynamischen Attribute mit der Zeit. Die wichtigsten dynamischen Attribute sind Lage, Impuls und Spinausrichtung[89], die angeben, an welchem Ort sich ein Teilchen befindet, wie schnell es sich bewegt und in welche Richtung sein Spin zeigt. Diese dynamischen Attribute existieren vor der Messung nicht. Zum Beispiel gehören Ort und Impuls dem Elektron nicht als ureigen an, sondern entstehen während des Messvorgangs. Die Beschreibung, wie ein Quantenobjekt seine dynamischen Attribute erhält, ist vereinfacht ausgedrückt das Gesetz der Quantentheorie.

Um das Gesetz zu beschreiben, ist die Kenntnis des Synthesizertheorems erforderlich.[90] Dieses Theorem beruht auf dem Fourier-Theorem. Nach dem Fourier-Theorem kann jede Welle auf eindeutige Weise als eine Summe von Sinuswellen beschrieben werden. Das bedeutet, dass eine Welle der Summe von Sinuswellen verschiedenen Frequenzen, Amplituden und Phasen entspricht. Die Kombination von Frequenz, Amplitude und Phase ist bei jeder Welle einzigartig: Jede Welle hat nur eine einzige mögliche Kombination. Somit lässt sich eine Welle in Sinuswellen zerlegen, und umgekehrt kann dieselbe Welle auch aus Sinuswellen zusam-

---

[88] Den Spin nennen Physiker auch Eigendrehimpuls. Der Spin wird lang dessen Drehachse definiert: Der Spin eines Teilchens kann sich entweder im Uhrzeiger- oder gegen den Uhrzeigersinn drehen.

[89] Spin ist der Eigendrehimpuls, der 1925 von Uhlenbeck und Goudsmit eingeführt wurde. Analog zur Erdrotation dreht sich das Quantenobjekt um seine eigene Achse. In der Quantentheorie ( die Spinquantenzahl s) kann der Spin einen ganzzahligen (1) oder halbzahlige Werte (1/2) annehmen. Quantenobjekte mit halbzahligem Spin sind Elektron, Proton und Neutron und mit ganzzahligem Spin Bosonen. Neben der Spinquantenzahl gibt es auch die Bezeichnung ‚Spin auf' und ‚Spin ab'. Diese Bezeichnung bezieht sich auf den Bahndrehimpuls. Wenn eine Spineinstellung ‚parallel' zum Bahndrehimpuls vorliegt, nennt man dies ‚Spin auf ', wenn sie ‚antiparallel' vorliegt, nennt man dies ‚Spin ab'.

Vgl. P. Rennert / H. Schmiedel, *Physik*, 1995, S. 287.

[90] Dieses Theorem ist eine Erklärungsmethode von Herbert. Wir nehmen hier aus Anlass der Deutlichkeit und Einfachheit seine Erklärungsmethode. Vgl. N. Herbert, *Quantum Reality*, 1987, S.117 ff.

mengesetzt werden. Das Synthesizertheorem besagt nun, dass es hierfür neben der Fourieranalyse viele verschiedene analytische Möglichkeiten gibt: Eine Welle kann auf viele unterschiedliche Arten zerlegt oder zusammengesetzt werden; das ist die Grundidee des Synthesizertheorems.

Das Gesetz der Quantentheorie beschreibt, wie die Zustandswellenfunktion unter der Voraussetzung des Synthesizertheorems in eine besondere Wellenform zerlegt wird und ein beliebiges dynamische Attribut einer beliebigen Wellenform entspricht. Wenn wir die Lage (X) eines Quantenzustandes wissen wollen, zerlegen wir die Quantenzustandswelle gemäß der pulsartigen Wellenform. Nach dieser Zerlegung enthält die zerlegte Wellenform eine eigene Pulswellenform. Man misst die Lage (x) des Pulses dieser Pulswelle. Das Gesetz der Quantentheorie gibt uns die Verbindung zwischen dem Ort (x) und der Lage (X) an: $X = x$. Daher können wir durch die Pulsmessung einer Pulswelle das Lageattribut (X) erhalten.

Das Impulsattribut (P) ist in der Quantentheorie mit den Sinuswellenformen verbunden. Bei der Messung des Impulsattributes zerlegt man die Zustandswellenfunktion in eine räumliche Sinuswellenform und misst die räumliche Frequenz (k) dieser Sinuswellenform. Die Beziehung zwischen dem Impuls (P) und der Frequenz (k) der räumlichen Sinuswellen ist nach der Quantentheorie $P = hk$. Somit erhalten wir das Impulsattribut nach dem Gesetz der Quantentheorie.

Das Energieattribut wird nach der Quantentheorie mit einer zeitlichen Sinuswellenform verbunden. Bei der Messung der Energie zerlegt man die Quantenzustandswelle in die zeitlichen Sinuswellen und bekommt einen konkreten Wert der Frequenz f je nach den verschiedenen zeitlichen Sinuswellen. Die Quantentheorie beschreibt die Beziehung zwischen Energie und Frequenz, $E = hf$ . Auf diese Weise erhält man die Energie des Quantenobjektes.

Soweit ist der Abriss der Quantentheorie dargestellt. Wie die Korrespondenzregel die Quantentheorie tatsächlich benutzt wird, beleuchten wir jetzt.

1) Der erste Schritt besteht darin, den Zustand eines Quantenobjekts durch die Zustandswellenfunktion ($\Psi$) zu bestimmen.
2) Im zweiten Schritt wird die Beziehung zwischen einem Attribut und der Wellenform bestimmt. Nehmen wir als Beispiel das Spinrichtungs-Attribut S. Für die Messung der Spinrichtung zerlegen wir die Zustandswellenfunktion in bestimmte Sinuswellen (W). Das Gesetz der Quantentheorie beschreibt die Verbindung zwischen der Spinrichtung (S) und der Frequenz (k) der Sinuswellen (W): $S = hk$.

Wenn wir durch die Zerlegung der Zustandswellenfunktion zwei Sinuswellen bekommen, enthält jede Sinuswelle eine Frequenz und wir erhalten Spinrichtungen ($S_1$, $S_2$): $S_1 = hk_1$ und $S_2 = hk_2$.

3) Im dritten Schritt wird mit einem Analysatorprisma (S- Prisma), die Zustandswellenfunktion in zwei Wellenformen w1 und w2 zerlegt. Das Analysatorprisma ist kein physikalisches Objekt, sondern ein mathematisches Verfahren.

4) Im vierten Schritt lässt man die Zustandswellenfunktion in das S-Prisma einlaufen und hält das Ergebnis fest. Das S-Prisma spaltet die Zustandswellenfunktion in zwei Wellenformen auf, w1 und w2, jede mit ihrer eigenen Amplitude und Phase.

5) Im fünften Schritt wird die Amplitude jeder der beiden Wellenformen quadriert, um zwei Wahrscheinlichkeiten zu erhalten. Es resultieren zwei Zahlen; diese Zahlen seien z.B. 0.75 (75%) und 0.25 (25%). An diesem Punkt können wir vorhersagen, dass das Attribut $S_1$ (Spin auf) mit der Wahrscheinlichkeit 75% und Attribut $S_2$ (Spin ab) mit der Wahrscheinlichkeit 25% entstehen kann. Dieser Schritt führt die quantenmechanische Beschreibung des Messprozesses zu Ende. Wir sind nun in der Lage, die Vorhersagen der Quantentheorie durch ein tatsächliches Experiment zu überprüfen.

6) Um die Quantentheorie mit Fakten zu vergleichen, müssen wir im Laboratorium einen S-Attribut-Analysator bauen, der kein mathematisches Verfahren darstellt, sondern ein wirkliches materielles Objekt ist. Man lässt einen Quantenzustandsstrahl einlaufen, und der S-Analysator zerlegt ihn in zwei Strahlen; bei einem davon haben alle Quantenzustände den S-Wert **S1**, bei dem anderen den S-Wert **S2**. Jeder dieser Strahlen führt zu einem Detektor (z.B Phosphorschirm). Um irgendein Attribut zu messen, muss man lediglich abzählen, wie viele Quantenzustände einen bestimmten Wert zeigen. In allen Fällen, wo derartige Wahrscheinlichkeiten tatsächlich mit dem Experiment verglichen wurden, stimmten die Fakten mit der Theorie überein.

Damit sei der Überblick über die Quantentheorie abgeschlossen. Im theoretischen und praktischen Sinne haben wir keine Schwierigkeit, die Quantentheorie zu benutzen. Aber wie wir am Anfang dieses Kapitels über die quantentheoretische Welt gesagt haben, ist die philosophische Bedeutung dieser Welt ziemlich ungewöhnlich: Ein Quantenobjekt hat keine sichere Existenz vor seiner Messung. Erst durch die Messung verwandelt sich die unbestimmte Existenz eines Attributes in die bestimmte Existenz. In diesem Sinne ist die Messung in der Quantentheorie sehr wichtig, um die Quantenphänomene zu verstehen.

### 3.3. Das Quantenmessproblem

Das Messproblem der Quantentheorie hat eigentlich zwei Bedeutungen. Eine ist die ‚Freiheit des Experimentators'. Da vor der Messung ein Attribut nicht existiert, spielt die Freiheit des Experimentators, welches Attribut eines Quantenobjekts er messen will, eine große Rolle, weil je nach seiner Entscheidung unterschiedliche Realitäten entstehen. Indem der Experimentator Attribute eines Quantenobjekts misst, schafft er eine neue Realität. Die zweite Bedeutung des Messproblems ist mit der physikalischen und mathematischen Struktur der Quantentheorie verbunden. Ein Quantenobjekt wird vor der Messung durch eine Zustandswellenfunktion mit Hilfe deren Wahrscheinlichkeiten ausgedrückt. Aber nach der Messung wird das Quantenobjekt einfach zu einem Teilchen: Nach der Messung kollabiert ein Quantenobjekt in einen bestimmten Zustand innerhalb eines Möglichkeitsraumes, der durch Wahrscheinlichkeiten beschreiben wird. Seine Bewegung ist nach der Messung genau die Funktion des Körpers. Dieses Phänomen wird als ‚Zusammenbruch der Zustandswellenfunktion', ‚Kollaps des Wellenpakets' oder ‚Quantensprung' bezeichnet. Dieses Phänomen ergibt sich infolge des ‚Zusammenbruchs der Grenze zwischen mikroskopischer und makroskopischer Welt'. Die Messung in der Quantentheorie bedeutet die Konstruktion eines makroskopischen Gerätes. Da die Quantenphänomene für uns nicht direkt wahrnehmbar sind, müssen die Quantenphänomene durch makroskopische Geräte interpretiert werden. Diese makro skopische Reaktion ist der ‚Zusammenbruch der Zustandswellenfunktion'. In diesem Sinne bedeutet die Messung der Quantentheorie eine ‚Auflösung der Grenzen zwischen mikroskopischer und makroskopischer Welt'.
Um dieses Problem genau zu beleuchten, nehmen wir drei Beispiele.

1) Das erste Beispiel: Zu unserem Elektronenapparat in der Abbildung 3.4 fügen wir eine starke Lichtquelle hinzu. Wir stellen sie hinter die Wand zwischen die beiden Löcher.

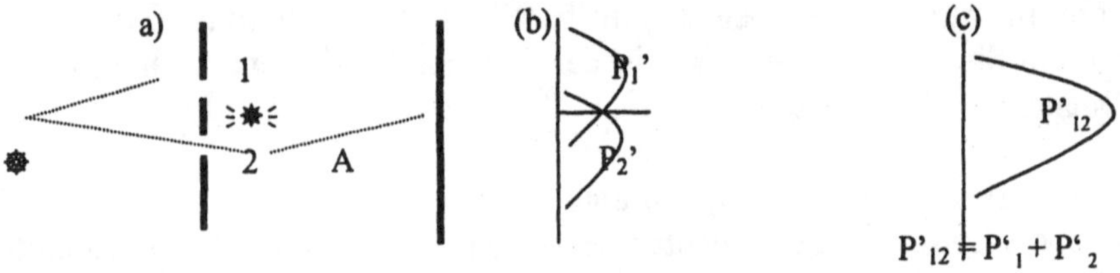


Abbildung 3.4: Durch dieses Experiment können wir den Effekt der Beobachtung des Elektrons erkennen.

Wir wissen, dass elektrische Ladungen das Licht streuen. Daher wird ein Elektron Licht streuen, wenn es in der Nähe der Lichtquelle vorbeifliegt. Wenn zum Beispiel ein Elektron seinen Weg durch Loch 2 nehmen würde, würden wir einen Lichtblitz aus der Umgebung der Stelle sehen, die in der Abbildung 3.4 mit A bezeichnet ist. Wenn ein Elektron durch Loch 1 ginge, würden wir einen Blitz nicht beobachten. Durch dieses Experiment können wir herausfinden, welchen Weg ein Elektron genommen hat. Bei dieser Beobachtung verhalten sich Elektronen nicht mehr wie Wasserwellen, sondern wie Kugeln. Die Wahrscheinlichkeit dafür, dass ein Elektron an der Auffangwand durch irgendein Loch ankommt, ist $P'_{12} = P'_1 + P'_2$. Das heißt, dass es keine Interferenz mehr bei der Beobachtung gibt. Daraus müssen wir schließen, dass die Verteilung der Elektronen auf dem Schirm anders ist, wenn wir sie beobachten, als wenn wir sie nicht beobachten: Durch die Beobachtung haben wir ihre Bewegung verändert.

2) Das zweite Beispiel ist die Messung der Polarisation eines Lichtstrahls.[91] Polarisation[92] heißt die Schwingungsrichtung des elektrischen Feldes, die senkrecht zur Fortbewegungsrichtung der Welle steht. Falls die Schwingung in einer Ebene erfolgt (falls sich das elektrische Feld also immer in derselben Ebene befindet), nennt man das Licht ‚polarisiert', sonst ‚unpolarisiert'. Das natürliche Licht ist nicht polarisiert: Seine Schwingungsrichtungen sind beliebig auf der Ebene senkrecht zur Fortpflanzungsrichtung verteilt. Durch einen Polarisator kann man unpolarisiertes Licht polarisieren.

Machen wir mit dem polarisierten Licht einige Experimente. Das polarisierte Licht kann durch einen anderen Polarisator noch weiter zerlegt und weiter polarisiert werden. Wenn wir z.B. durch einen HV (horizontalen und

---

[91] Vgl. A. Rae, *Quantenphysik*, 1996. S. 35ff.

[92] Wie diese Abbildung zeigt, entspricht die Polarisationsrichtung der Schwingungsrichtung.

vertikalen)-Polarisator das schon $45^0$ - polarisierte Licht durchlassen, spaltet sich das Licht in zwei Richtungen (horizontal und vertikal) auf. Der Winkel der zwei polarisierten Richtungen ist jedenfalls rechtwinklig: Wenn eine Richtung der Polarisation horizontal ist, muss die andere Richtung vertikal sein oder eine Richtung vorläuft zu $-45^0$, die andere dann zu $+45^0$ etc.

Wir nehmen einen Strahl von Photonen, die alle um +45° zur Horizontalen polarisiert sind und lassen ihn durch einen Polarisator, der die **H-V** Polarisation misst. Nach der Quantentheorie erscheint die Hälfte der Photonen auf dem Horizontal-Weg, die andere Hälfte auf Vertikal-Weg. Wenn wir jetzt beide Strahlen (den horizontal- und den vertikal polarisierten Strahl) noch einmal durch einen weiteren $45^0$-Polarisator leiten, um die ursprünglichen Strahlen (die $+45^0$-polarisierten Strahlen) zu bekommen, spalten sich aber die horizontalen polarisierten Photonen in zwei weiter polarisierte ($+45^0$ und $-45^0$) Photonen und die vertikal polarisierten Photonen auch in zwei weiter polarisierte ($+45^0$ und $-45^0$): Obwohl wir wieder versucht haben, durch den zweiten Polarisator ($45^0$-Polarisator) die ursprünglich polarisierten ($45^0$) Photonen zu bekommen, haben wir statt der ursprünglich polarisierten Photonen die zwei Arten polarisierten ($-45^0$ und $+45^0$) Photonen erhalten. Das bedeutet, dass die Messung der HV-Polarisation den Zustand der Photonen so verändert hat, dass wir solange nicht wissen können, ob ein Stahl +45° polarisiert oder $-45^0$ polarisiert ist, bis sie wieder gemessen werden.

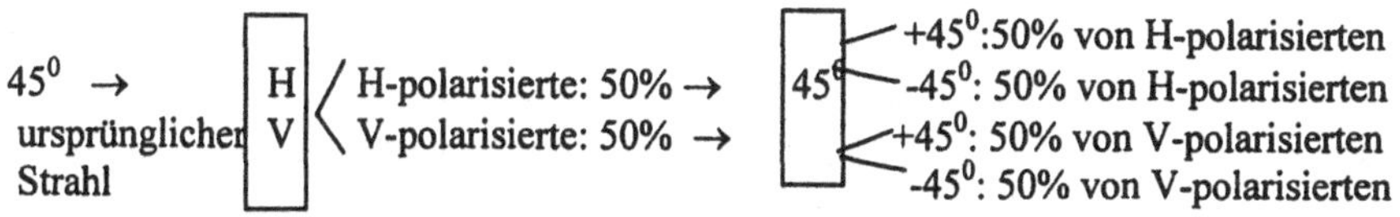


Abbildung 3.5: Wenn 45° - polarisierte Photonen auf einen HV - Polarisator treffen, kommen sie entweder horizontal oder vertikal polarisiert heraus. Sie wählen die Wege durch die weiteren ±45° - Polarisatoren willkürlich. Das zeigt, dass sie bezüglich ihrer ursprünglichen Polarisation völlig ihre "Erinnerungen" verloren haben. Daraus schließen wir, dass Polarisationsmessungen allgemein die Polarisation der gemessenen Photonen verändern.

Infolge der Veränderung der ursprünglichen Eigenschaft verlieren wir die Vorhersagbarkeit über die Photonen. Wenn sich ein 45°-polarisiertes Photon auf einen HV- Polarisator zubewegt, ist das Ergebnis der Messung, d.h. der Weg, auf welchem das Photon herauskommen wird, vollkommen

unvorhersehbar. Wir wissen zwar, dass sich, wenn es sich um viele Photonen handelt, auf jedem der beiden Wege im Durchschnitt die Hälfte der Photonen einfinden wird. Wenn es sich aber um ein einzelnes Photon handelt, dann ist sein Verhalten völlig willkürlich. Wenn wir ein einzelnes Photon betrachten, das durch die Apparatur in Abbildung 3.5 tritt, bedeutet die Tatsache, dass es willkürlich auf dem einen oder dem anderen Weg herauskommt, dass wir nicht wissen, welches von den zwei Nachweisgeräten das Ereignis aufzeichnen wird.
Das sehen wir uns mit einem dritten Beispiel genauer an.
3) Das dritte Beispiel wird das Experiment mit ‚Schrödingers Katze' genannt: Ein radioaktives Quantenobjekt, das man gemeinsam mit einer Katze und einer Giftphiole in eine Kiste gepackt hat, hat eine Zerfallswahrscheinlichkeit von 50 Prozent. Der Zerfall löst einen Hammer aus, der die Giftphiole zertrümmert, das Gift freisetzt und dann die Katze tötet. Im anderen Fall lebt die Katze. Nach der Quantentheorie verharrt das radioaktive Atom, solange es unbeobachtet (ungemessen) bleibt, in einem eigenartigen Zwischenzustand: Es ist zugleich zerfallen und nicht zerfallen. Eine solche Superposition (Überlagerung) ist für Quantenobjekte typisch. Doch was geschieht, wenn man nur ‚ein' Quantenobjekt mit einem makroskopischen Messgerät (die Katze in diesem Experiment) koppelt ? Die Katze wäre nach der Quantentheorie gleichzeitig tot und lebendig. Das ist offensichtlich absurd. In unserem Alltagsleben muss die Katze entweder tot oder lebendig sein.[93]

### 3.4. Die philosophischen Interpretationen der Quantennatur

Wie wir durch die drei Beispiele gesehen haben, liegt der Kernpunkt des Quantendisputs in der Messung. Jeder Physiker gibt seine eigene Lösung für dieses Problem an. Die zwei repräsentativen Vertreter sind hierbei die ‚Kopenhagener' und ‚Einstein'. Die Kopenhagener glauben an Fakten und Mathematik: Sie verweigern sich grundsätzlich den metaphysischen Problemen. Sie lehnen die Idee ab, dass die Zustandswellenfunktion die Welt an sich repräsentiert. Nach ihnen entspricht diese Funktion lediglich der Wahrscheinlichkeit einer spezifischen Reaktion des messenden Geräts unter einer spezifischen Bedingung. Hingegen glaubt Einstein, dass eine

---

[93] In den Jahren 1995 und 1996 ergaben neuere Experimente, dass man die als Metapher gedachte Schrödingersche Katze tatsächlich als makroskopischen Zustand beobachten kann, ohne ihre Zustandsüberlagerung aufzuheben, d.h. ohne ihren Zustand als lebend-totes Zwischenwesen zu zerstören Vgl. M. Springer, *Schrödingers Kätzchen*, 1997, S. 24-25. und P. Yam, *Das zähe Leben von Schrödingers Katze*, 1997, S. 56-62.

gute Theorie die Realität erklären muss. Nach ihm muss somit die Zustandswellenfunktion einem realen Quantenobjekt entsprechen.

### 3.4.1. Kopenhagener Deutung

Heisenberg als einer der Vertreter der Kopenhagener Deutung hat gesagt, dass die Quantentheorie mit einem Paradox beginnt.[94] Die Physiker müssen Experimente an Quantenphänomenen mit den Begriffen der klassischen Physik beschreiben, aber gleichzeitig passen diese Begriffe nicht genau auf die Quantenphänomene. Diese Fehlpassung wird durch das Unschärfeprinzip ausgedrückt, wobei der Wahrscheinlichkeitsbegriff benutzt wird. Es ist unmöglich, anzugeben, was mit dem System zwischen dem Anfangszustand und der Messung geschieht. Wir können lediglich das erwartete Ergebnis aus der Wahrscheinlichkeitsfunktion berechnen. Erst nachdem eine Messung am System vorgenommen wurde, ist das genaue Ergebnis bestimmt. Obwohl die klassischen Begriffe zur Beschreibung der Quantenphänomene nicht völlig angemessen sind, müssen wir die klassischen Begriffe benützen, um uns zu verständigen.[95]

Dem Versuch, dieses Paradox zu lösen, steht der Umstand entgegen, dass das Wesen der Quantenphänomene dem menschlichen Denken äußerst fremd ist. Wir werden vielleicht niemals die Welt der Quantenphänomene ganz begreifen. Die Kopenhagener akzeptieren den Dualismus zwischen den Quantenphänomenen und der übrigen Welt oder zwischen dem Quantenobjekt und dem Messgerät.[96] So wird die Welt für immer in zwei

---

[94] Heisenberg schrieb : „Die Kopenhagener Deutung der Quantentheorie beginnt mit einem Paradox. Jedes physikalische Ex- periment, ob es sich auf Erscheinungen des täglichen Lebens oder auf Atomphysik bezieht, muss in den Begriffen der klassischen Physik beschrieben sein.[....] Trotzdem ist die Anwendbarkeit dieser Begriffe begrenzt durch die Unbestimmtheitsrelationen", in: W. Heisenberg, *Physik und Philosophie*, 1972, S. 27.

[95] „Einstweilen wissen wir noch gar nicht, in welcher Sprache wir über das Geschehen im Atom reden können. Wir haben zwar eine mathematische Sprache, mit Hilfe derer wir die stationären Zustände des Atoms oder die Übergangswahrscheinlichkeiten von einem Zustand zu einem anderen ausrechnen können. Aber wir wissen noch nicht, wie diese Sprache mit der gewöhnlichen Sprache zusammenhängt.[...] Ich vermute, dass das mathematische Schema schon in Ordnung ist, aber der Zusammenhang mit der gewöhnlichen Sprache ist noch nicht hergestellt", in: W. Heisenberg, *Der Teil und das Ganze*, 1972, S. 48.

[96] Hierbei könnte die Frage aufkommen, ob wir den Messapparat verbessern können. Diese Frage ist nach der Kopenhagener Deutung auch sinnlos, weil der verbesserte

Bereiche geteilt. Dabei ist die Quantentheorie eine Darstellung der Beziehung zwischen unserer vertrauten Realität und dem nicht-menschlichen Reich der Quantenphänomene.[97] In diesem Sinne ist die Frage, was zwischen unbeobachtetem Quantenobjekt und beobachtetem Quantenobjekt passiert oder was ‚wirklich' in einem Messvorgang geschieht, sinnlos. Wir können das Quantenphänomen vor der Messung nur mit Hilfe von Begriffen der klassischen Physik durch Wahrscheinlichkeitsfunktionen beschreiben und werden nach der Messung eine dieser Möglichkeiten realisiert finden. Die Frage nach dem ontologischen Zustand des ungemessenen Quantenzustands ist daher nach der Kopenhagener Deutung sinnlos, weil die Antwort weder experimentell entschieden, noch logisch abgeleitet werden kann. Die Kopenhagener akzeptieren nur die mathematischen und experimentellen Tatsachen. Alle Quantenzustände, die durch dieselbe mathematische Zustandswellenfunktion dargestellt werden, sind daher vom physikalischem Standpunkt aus identisch.[98] Es gibt keine Hinweise, an welcher Stelle das Quantenobjekt den Schirm treffen wird. Nach der Kopenhagener Deutung führen identische physikalische Situationen zu unterschiedlichen Ergebnissen: Die Messung ändert die Zustandswellenfunktion (bzw. Wahrscheinlichkeitsfunktion). Das ist die Kopenhagener Lösung für das Messproblem in der Quantentheorie. Wenn wir die philosophische Ansicht

---

Messapparat nicht mehr zum Bereich der klassischen Sprache gehört, wenn er die Quantenphänomene ‚genau' messen kann.

[97] Die Aufgaben der Quantentheorie bestehen eben darin, die Experimente auf dieser Grundlage theoretisch zu deuten. Die theoretische Deutung eines Experiments beginnt damit, dass wir die Anordnung des Experiments mit einer ersten Beobachtung in eine Wahrscheinlichkeitsfunktion übersetzen. Wir können uns z.B. für die Bewegung eines Elektrons in einer Nebelkammer interessieren und können durch irgendeine Beobachtung die Anfangslage und Geschwindigkeit des Elektrons bestimmen. Aber diese Bestimmung kann nicht genau sein. Sie wird mindestens jene Ungenauigkeiten enthalten, die aus dem Unschärfeprinzip zwangsläufig folgen. Die Ungenauigkeit ergibt die Möglichkeit, das Ergebnis der Beobachtung in das mathematische Schema der Quantentheorie zu übersetzen: Die Wahrscheinlichkeitsfunktion genügt dann den Gesetzen der Quantentheorie. Die Bewegungsgleichung für die Wahrscheinlichkeitsfunktion muss jenen Einfluss berücksichtigen, den die Wechselwirkung mit den Messanordnungen auf das System ausübt.

[98] Wenn wir die Hypothese annehmen, dass alles gleichberechtigt existiert, so kann man das theoretisch so interpretieren, als gäbe es verschiedene mögliche Welten, in denen jeweils eines der möglichen Messergebnisse realisiert ist, weil die Kopenhagener Deutung besagt, dass bei Messungen mit bestimmten Wahrscheinlichkeiten verschiedene Ergebnisse auftreten. Vgl. A. Agnotos, *Grundzüge einer neuen möglichen allumfassenden Theorie*, 2000, S. 49.

der Kopenhagener annehmen, stoßen wir auf ein noch tieferes philosophisches Problem.
Da ein Quantenobjekt vor der Messung nicht vollständig festgelegt ist, spielt das subjektive Element (z.B. der Experimentator) eine wichtige Rolle: Der Experimentator entscheidet, welches Attribut gemessen wird, und dann entsteht damit eine Wechselwirkung zwischen einem Quantenobjekt und dem Messgerät.[99] Daher ist das, was wir beobachten, nicht die Natur selbst, sondern Natur, die unserer Art der Fragestellung ausgesetzt ist.[100]

### 3.4.2. Einstein

Im Gegensatz zu der Kopenhagener Deutung war Einstein niemals mit der Quantentheorie zufrieden[101]. Einstein ist Realist. Für ihn ist die Ansicht, dass sich die Natur infolge ihrer Beobachtung verändern kann, nicht akzeptabel: Die Natur als der Gegenstand einer physikalische Theorie muss an sich selbst unabhängig von der Beobachtung existieren. Er glaubt, dass sich das Problem der Kopenhagener Deutung auf den Wahrscheinlichkeitsbegriff bezieht. Die Quantentheorie beschreibt durch den Wahrscheinlichkeitsbegriff die Quantenphänomene. Aber wenn eine physikalische Theorie vollständig sein soll, muss die Theorie durch die Elemente, die der Realität entsprechen, beschrieben werden. Und die Realität wird nicht durch Wahrscheinlichkeiten bestimmt: Eine physikalische Theorie muss die Realität widerspiegeln. Nach Einstein ist die Quantentheorie unvollständig, weil sie die Quantenphänomene nur durch Wahrscheinlichkeiten ausdrückt. Nach seiner Ansicht fehlen bei der Quantentheorie einige Variablen, um mit ihr nicht nur probabilistische, sondern genaue Vorhersagen machen zu können.

---

[99] In diesem Sinne sagen Baumann und Sexl, dass die Natur eine Wechselwirkung zwischen atomarem Objekt und den Messgeräten darstellt. Vgl. K. Baumann /R. U. Sexl, *Die Deutungen der Quantentheorie*, 1987, S. 18.

[100] W. Heisenberg, *Quantentheorie und Philosophie*,1978, S. 60.

[101] Heisenberg hat die Arbeiten der Gegner der Kopenhagener Deutung in drei Gruppen eingeteilt. Die erste Gruppe ist mit der zugrundeliegenden Philosophie der Kopenhagener Deutung nicht zufrieden und ersetzt sie durch eine andere. Zu dieser Gruppe gehören Bohm, Alexandrow und de Broglie etc. Die zweite Gruppe versucht, die Quantentheorie abzuändern. Die dritte ist mit der Quantentheorie unzufrieden, hat aber keine Alternative zu ihr, und zwar sowohl im physikalischen Sinne als auch im philosophischen Sinne. Zu dieser Gruppe gehört Einstein. Vgl. W. Heisenberg, *Die Entwicklung der Deutung der Quantentheorie (1956),* 1987, S. 17.

Um die Unvollständigkeit der Quantentheorie zu beweisen, hat Einstein ein Gedankenexperiment durchgeführt. Sein Argument ist folgendes: Nehmen wir ein Photon. Dieses Photon kann in zwei Teile $P_1$ und $P_2$ aufgespaltet werden ( z.B. durch einen Polarisator ). Beschreiben wir den Zustand des Photons P durch die Zustandswellenfunktion $\Psi$. Die geteilten Zustände $P_1$ und $P_2$ beschreibt die Quantentheorie durch zwei Wellenfunktionen $\Psi_1$ und $\Psi_2$. Nimmt man an, dass die Wellenfunktionen den tatsächlichen raumzeitlichen Zustand des Photons vollständig beschreiben, entsteht ein Paradox. Bringen wir den Messapparat für $P_1$ nach Trier, den Messapparat für $P_2$ nach Tokio. Misst man den Zustand des Photons in Trier, dann befindet sich das Photon entweder in Trier oder nicht. Falls das Photon in Tokio gefunden wurde, wird es sich keinesfalls in Trier befinden. Wurde die Beobachtung zur Zeit $t_0$ in Trier ausgeführt und das Photon gefunden, so folgt daraus, dass nun eine verschwindende Wellenfunktion $\Psi_2$ für Tokio vorliegt. Eine Messung des Photons in Trier verändert also die Wellenfunktion in Tokio und reduziert sie gegebenenfalls auf Null. Nimmt man den Standpunkt ein, dass die Quantentheorie eine vollständige Theorie ist und die Wellenfunktion die Eigenschaften eines Teilchens in Raum und Zeit beschreibt, dann kommt man zu dem paradoxen Resultat, dass vor der Beobachtung des Teilchens ein Teil in Trier, ein anderer Teil in Tokio war und dass eine Beobachtung in Trier den Teil in Tokio zerstörte und in Trier erscheinen ließ. Daher behauptet Einstein, dass das Teilchen schon vor der Beobachtung in Trier war, dass aber die Quantentheorie unvollständig sei und die Wellenfunktionen nur unsere Kenntnis der Teilchenverteilung vor der Beobachtung ausdrücken. Um die Quantentheorie zu vervollständigen, wollte Einstein daher einen neuen Parameter einführen, der die Lokalisierung des Teilchens in Trier oder in Tokio beschreibt.
Sehen wir uns seine Argumente genauer an. Er und seine zwei Mitarbeiter führen 1935 ein Gedankenexperiment durch. Dieses nennt man das ‚Einstein-Podolsky-Rosen (EPR)-Experiment'.[102] Einsteins Syllogismus ist folgender:

a) Es ergibt sich die Quantenkorrelation: Unter Quantenkorrelation versteht man, dass bei zwei Zuständen eines Attributes eines Quantenobjekts (z.B. Ort-Messung) eine zweite Messung an einem im Prinzip beliebig weit entfernten Ort die erste Messung in eindeutiger Weise

[102] Die drei Physiker, A. Einstein, B. Podolsky und N. Rosen wollten 1935 in einem Artikel ‚*Can Quantum-Mechanical Description of Physical Reality Be Considered Complete?(1935)*' die Unvollstänedigkeit der Quantentheorie beweisen.

beeinflusst.[103] Das bedeutet, dass es zwischen den Ergebnissen der zwei Messungen eine Korrelation gibt.

b) Die Realität ist lokal: Kein direktes Signal zwischen A und B wird ausgetauscht, weil kein Signal schneller als das Licht ist.

c) Um diese beiden Phänomene ( a) und b) ) logisch zu erklären, führt Einstein einen verborgenen Parameter ein.

Bei seinem Gedankenexperiment hat Einstein mit zwei anderen Mitarbeitern gezeigt, dass sein Gedankenexperiment zwei Prämissen seines Syllogismus erfüllt:

a) Daher ergibt sich die Quantenkorrelation: Wir nehmen an, ein Quantenobjekt spaltet sich in zwei gleiche Teilchen **A** und **B** ( siehe Abb.3.6). Nach dem Heisenbergschen Unschärfeprinzip können wir weder von **A** noch von **B** gleichzeitig Ort und Impuls feststellen. Aber auf Grund des Gesetzes von Aktion und Reaktion ( Impulserhaltung) können wir aus einer Messung des Impulses von **B** auf den Impuls von **A** schließen, da sich **A** vom Spaltungszentrum gleich wie **B** entfernt, entsprechen beide Systeme (A und B) gleichen Impulskräften. Oder der Ort von A kann von der Information des Ortes von B abgeleitet werden.

| | | |
|---|---|---|
| ← ♦ | * | ♦ → |
| A | (ein gemeinsames Zentrum) | B |
| (System 1) | | (System 2) |

Abbildung 3.6: Zwei Teichen gleicher Masse fliegen von einem gemeinsamen Zentrum auseinander, sie haben den gleichen, aber entgegengesetzt gerichteten Impuls und sind beide immer gleich weit vom Zentrum entfernt. Unter diesen Umständen verrät eine Messung des Orts oder des Impulses von A auch Ort oder Impuls von B.

b) Die Realität ist lokal: Wenn **A** und **B** eine sehr weite Strecke auseinandergeflogen sind, kann man nicht mehr ohne weiteres davon ausgehen, dass eine an **B** vorgenommene Messung einen Einfluss auf **A** hat. Zumindest kann **A** nicht augenblicklich direkt beeinflusst werden, denn nach der speziellen Relativitätstheorie ist kein Signal und keine Einwirkung schneller als das Licht. **A** kann also nicht schneller wahrnehmen, dass an **B** eine Messung vorgenommen wurde, als das Licht die Strecke zwischen beiden zurücklegt.

Dann ergibt sich aufgrund seines Syllogismus das folgende Resultat :

---

[103] Vgl. K. Mainzer/W. Schirmacher (Hg.), *Quanten, Chaos und Dämonen*, 1994, S. 50f.

c) Wenn ein Beobachter entweder den Ort (oder den Impuls) von A kennt, führt eine nachträgliche Beobachtung des Ortes (oder des Impulses) von A demnach zu vorhersehbaren Ergebnissen von B. Außerdem kann die Messung von A die Messung von B nicht beeinflussen. Daher existieren die Impulse und die Orte beider Quantenobjekte A und B vor der Messung. Aber die Quantentheorie macht Vorhersagen auf der Basis von Wahrscheinlichkeiten. Daher ist die Quantentheorie unvollständig.

Um die Unvollständigkeit der Quantentheorie zu ergänzen, schlug Einstein ‚verborgene Parameter' vor. Unter verborgenen Variablen versteht man Variablen, die (noch) nicht beobachtet werden können, selbst wenn sie existieren. Damit wollte Einstein sagen, dass die Zustandswellenfunktion der Quantentheorie nur den Teil der Zustandsgrößen umfasst, der unseren Messungen zugänglich ist. Um die Quantentheorie zu vervollständigen, muss man Variablen angeben, die in der Zustandswellenfunktion nicht enthalten sind und experimentell bisher nicht gefunden wurden. Fügt man sie hinzu, dann müsste es im Prinzip möglich sein, die Quantenphänomene genau vorauszusagen, wenn man alle dazu notwendigen Informationen besitzt. Durch das Gedankenexperiment hat Einstein gezeigt, dass es möglich ist, durch Messung des Impulses oder des Ortes von A (im System 1) den Wert des Impulses oder des Ortes von B (im System 2) sicher vorherzusagen, ohne das System 2 zu stören. Dieses Ergebnis seines Gedankenexperimentes beruht auf seinem Realitätskriterium. Nach ihm hat eine physikalische Größe eine Entsprechung in der physikalischen Realität, wenn man, ohne ein System im geringsten zu stören, den Wert einer physikalischen Größe voraussagen kann.[104] Und er hat gemäß seines Gedankenexperimentes seine Behauptung belegt. Dieser Schluss widerspricht jedoch der Behauptung der Quantentheorie. Und steht im Gegensatz zur Kopenhagener Interpretation, bzw. zu Bohr.

In der Quantentheorie gibt es keine Zustandswellenfunktion, aus der gleich -zeitig Ort und Impuls von A und B berechnet werden können. Im diesem Sinne ist die Quantentheorie unvollständig.

[104] Vgl. A. Einstein,/B. Podolsky/N. Rosen, *Kann man die quantenmechanische Beschreibung der physikalischen Wirklichkeit als vollständig betrachten? (1935)*, 1987, S. 80.

### 3. 4. 3. Einstein vs. Bohr

Die Meinungsverschiedenheit über die Quantentheorie zwischen Einstein und Bohr liegt in ihrer philosophischen Ansicht über das Realitätskriterium. Einstein ist Realist. Er glaubt an eine physikalische Welt, die unabhängig von unserer Beobachtung existiert. Physikalische Theorien müssen Kenntnis über diese objektiv existierende Außenwelt liefern.[105] In diesem Sinne muss jedes Element der physikalischen Realität seine Entsprechung in der physikalischen Theorie haben, wenn eine physikalische Theorie vollständig ist.[106] Aber die Quantentheorie erfüllt die Bedingungen nicht, weil sie die physikalischen Phänomene nur mit Wahrscheinlichkeiten beschreibt. Nach Einstein ist die Quantentheorie daher unvollständig. Um dies zu beweisen, hat Einstein sein Gedankenexperiment (EPR-Experiment) durchgeführt. Bei seinem Experiment ist der wichtigste Punkt, im Zusammenhang mit der Debatte mit Bohr das System 2 in der Abbildung 3.6. Nach Einsteins Realitätskriterium gibt es eine physikalische Größe, die der physikalischen Realität entspricht, wenn wir den Wert einer physikalischen Größe ‚ohne auf irgendeine Weise ein System zu stören', vorhersagen können.

Für diese Behauptung, dass es eine physikalische Größe, die man messen kann, gibt, ohne auf irgendeine Weise ein anderes System zu stören, hat er das System 2 in der Abbildung 3.6 als Beweis angenommen. Bei der Messung am System 1 gibt es keine Beziehung zwischen dem System 1 und dem System 2: Bei der Messung am System 1 wird das System 2 nicht gestört: Die beiden Zustände sind unabhängig voneinander.[107] Und das System 2 kann mit Sicherheit (d.h. mit der Wahrscheinlichkeit gleich eins) vorhergesagt werden. Die Quantentheorie aber beschreibt die Realität nur mit Wahrscheinlichkeiten. Daher ist die Quantentheorie unvollständig. Die Quantentheorie beschreibt bestimmte wichtige Aspekte der physikalischen Realität nicht.

Im Gegensatz zu Einstein ist Bohr anderer Meinung. Bohrs Widerstand gegen Einstein beruht auf einem anderen Realitätskriterium. Bohr ist nach

---

[105] Vgl. A. Hermann (Hg.), *A. Einstein M. Born Briefwechsel*, 1968, S.119.

[106] A. Einstein/B. Podolsky/N. Rosen, *Kann man die quantenmechanische Beschreibung der physikalischen Wirklichkeit als vollständig betrachten? (1935)*, 1987, S. 81.

[107] „Da andererseits die beiden Systeme zum Zeitpunkt der Messung nicht mehr miteinander in Wechselwirkung stehen, kann nicht wirklich eine Änderung in dem zweiten System als Folge von irgendetwas auftreten, das dem ersten System zugefügt werden mag",in: A. Einstein/B. Podolsky/N. Rosen, *Kann man die quantenmechanische Beschreibung der physikalischen Wirklichkeit als vollständig betrachten? (1935)*, 1987, S. 84.

Max Jammer ein Relationalist.[108] Bei ihm sind die mikroskopischen Phänomene ganz anders geartet als die makroskopischen Phänomene. Um die mikroskopischen Phänomene zu betrachten, haben wir leider nur den makroskopischen Zugang (Messgerät). Daraus entsteht der typische Charakter der Quantentheorie, d.h. ‚Komplementarität'.[109]

Nach dem Komplementaritätsprinzip können Ortskoordinate und Impuls nicht gleichzeitig exakt definiert werden. Wenn man den Impuls genau messen will, dann kann man den Ort nicht mehr genau messen. Und wenn man die Energie genau messen will, dann kann man die Zeit nicht mehr genau messen. Der klassische Begriff von Kausalität und die quantentheoretischen Raum- Zeit Koordinaten können nicht gleichzeitig angewendet werden. Infolge der Komplementaritätsbeziehung gibt es in der Quantentheorie die strenge wechselseitige Ausschließung. Diese Ausschließung funktioniert als eine Beschränkung bei der Beschreibung der Quantenphänomene. Es ergibt sich eine Untrennbarkeit zwischen dem untersuchten Quantenobjekt und den Messvorrichtungen. Es ist daher unmöglich, den gesamten Einfluss der Messvorrichtung auf das beobachtete Objekt im Sinne von Störgrößen zu berechnen und damit eine gleichzeitige Kenntnis der kanonischen konjugierten Werte zu erhalten. Schließlich handelt es sich hier um die Wechselwirkung des Quantenobjektes mit der experimentellen makroskopischen Messordnung. Nach Bohr ist der Begriff der Komplementarität ein ‚neuer Zug der Naturphilosophie', die ‚eine radikale Revision unserer Einstellung zur physikalischen Realität herbeigeführt hat'[110].

So ist das Quantenphänomen von anderer Art als das klassische Phänom.[111] Für Bohrs philosophische Ansicht über die Quantenphänomene ist seine

[108] Vgl. M. Jammer, *The Philosophy of Quantum Mechanics*, 1974, S. 198f.

[109] Durch sein Komplementaritätsprinzip wollte Bohr die wesentliche Eigenschaft der Quantentheorie beschreiben. Dieses Prinzip schildert den Dualismus zwischen Wellen und Teilchen bzw. konjugierten Variablen. Diesen Dualismus hat Bohr als ein Postulat der Quantentheorie betrachtet, das einen nicht-analysierbaren Begriff beinhaltet. Mit Hilfe dieses Begriffs versuchte Bohr, die Quantenphänomene, die sich gegenseitig ausschließen, zu erklären. Nach Bohr ist daher das Unschärfeprinzip ein Spezialfall des allgemeinen Komplementaritätsprinzips. Vgl. N. Bohr, *The Quantum Postulate and the Recent Development of Atomic Theory*, 1985, S.115.

[110] N. Bohr, *Kann man die quantenmechanische Beschreibung der physikalischen Wirklichkeit als vollständig betrachten? (1935)*, 1987, S. 97.

[111] Das Komplementaritätsprinzip stellt einen prinzipiellen Unterschied zwischen der klassischen und der quantentheoretischen Beschreibung physikalischer Phänomene dar.

entsprechende Antwort auf das EPR-Experiment charakteristisch. Die Grundidee Bohrs ist, dass es unmöglich ist, eine klare Trennung zwischen dem Verhalten der Quantenobjekte und ihrer Wechselwirkung mit den Messapparaten zu vollziehen. Nach Bohrs Standpunkt, der von einer untrennbaren Verknüpfung zwischen Objekten und Messapparaten bei der Messung der Objekte ausgeht, ergibt sich kein Paradox beim EPR-Experiment, weil man keinerlei Schlüsse über eine unbeobachtete objektive Realität ziehen darf. Bohrs Lösung des EPR-Experiments hängt wesentlich von der Annahme ab, dass nur Beobachtungen Realität zukomme und deshalb Einsteins Annahme einer unabhängig existierenden Realität abzulehnen sei.[112] Nach Bohrs Standpunkt enthält das EPR-Kriterium der physikalischen Realität eine ‚Mehrdeutigkeit' im Bezug auf den Sinn des Ausdrucks ‚ohne ein System irgendwie zu stören'.[113]

Der wesentliche Unterschied zwischen Einstein und Bohr im EPR-Experiment besteht in der Interpretation des Systems 2: Hier handelt es sich um die Frage, wie die Beschreibung der Beobachtung mit der unkontrollierbaren Wechselwirkung zwischen den Systemen (System 1 und System 2) und den Messgeräten vereinbar ist. Die Untrennbarkeit der beiden Systeme ist aber keine Besonderheit des beschriebenen experimentellen Verfahrens, sondern vielmehr eine wesentliche Eigenschaft jeder Anordnung, weil eine nachfolgende getrennte Messung des Systems 1 (des Ortes oder des Impulses eines der beiden Photonen) automatisch das System 2 (den Ort bzw. den Impuls) des anderen Photons mit jeder gewünschten Genauigkeit (mit Heisenbergs Unschärfeprinzip) bestimmt: „Da diese Bedingungen ein immanentes Element der Beschreibung jeglichen Phänomens ausmachen, dem man mit Recht den Begriff ‚physikalische Wirklichkeit' zuschreiben kann, sehen wir, dass die Argumentation der genannten Verfasser (Einstein, Podolsky und Rosen) nicht ihre Schlussfolgerung rechtfertigt, die quantenmechanische Beschreibung sei wesentlich unvollständig."[114]

---

Vgl. N. Bohr, *Kann man die quantenmechanische Beschreibung der physikalischen Wirklichkeit als vollständig betrachten?(1935)*, 1987, S. 94.

[112]Vgl. N. Bohr, *Kann man die quantenmechanische Beschreibung der physikalischen Wirklichkeit als vollständig betrachten?(1935)*, 1987, S. 88.

[113] N. Bohr, *Kann man die quantenmechanische Beschreibung der physikalischen Wirklichkeit als vollständig betrachten?(1935)*, 1987, S. 88.

[114] N. Bohr, *Kann man die quantenmechanische Beschreibung der physikalischen Wirklichkeit als vollständig betrachten?(1935)*, 1987, S. 93.

Das war Bohrs Argument. Um zu entscheiden, ob Einstein oder Bohr Recht hat, müssen wir ihre Voraussetzungen (die Quantenkorrelation und Lokalität) überprüfen.

### 3. 4. 4. Bell[115]

Die Theorie verborgener Parameter kann auf verschiedene Weise ausgedrückt werden: Es gibt viele verschiedene Theorien verborgener Parameter. Hier nehmen wir den Bellschen Beweis, weil sein Argument überzeugender als andere ist. Wir messen die Polarisation eines Photons: Auf die linke Seite des Photons stellen wir einen HV-Polarisator und auf die rechte Seite des Photons einen Φ- Polarisator.

HV-Polarisator ← Photon → Φ-Polarisator

Wenn wir die vertikale Polarisation der linksseitigen Messung bekommen, muss das rechtsseitige Ergebnis nach der Quantentheorie horizontal sein: Der Winkel zwischen beiden Polarisationen muss 90 Grad sein. Wir stellen uns vor, dass dieses Experiment viele Male (N-mal) wiederholt wird, dann werden sich N/2 Photonen zur Richtung des linksseitigen HV-Polarisators begeben und vertikal polarisiert sein. Dann müssen N/2 Photonen, die sich zum rechtsseitigen Φ-Polarisator bewegen, nach der Quantentheorie horizontal polarisiert sein. Aber für unseren Zweck stellen wir auf der Rechtsseite statt des HV-Polarisators den Φ-Polarisator auf. Dann können wir die Zahl der Photonen, die eigentlich horizontal polarisiert sind, aber durch den Φ-Polarisator manipuliert werden, nach der Quantentheorie berechnen.

1) Die rechtsseitig Φ-polarisierten Photonen spalten sich die rechtsseitig entweder in $\Phi_+$ polarisiert oder in $\Phi_-$ polarisiert (der Winkel zwischen $\Phi_+$ und $\Phi_-$ beträgt 90 Grad).

Vertikal ← * → horizontal → (Φ-Polarisator)
Photonen

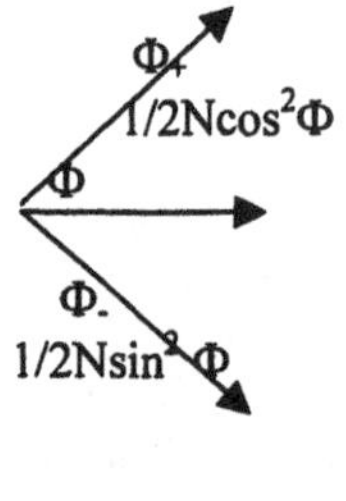


[115] Dieses Kapitel wurde in Anlehnung an das Buch von A. Rae, *Quantenphysik: Illusion oder Realität*, 1996, geschrieben.

Die Zahl der rechtsseitig $\Phi_+$ polarisierten Photonen (sie bezeichnen wir mit $n(v, \Phi_+)$ ) ist nach der Quantentheorie ½ N $\cos^2 \Phi$ und die Zahl der $\Phi_-$ polarisierten Photonen ( $n(v, \Phi_-)$) ½ N $\sin^2 \Phi$.

Bei einem zweiten Experiment sind die linksseitigen Photonen horizontal polarisiert, dann müssten die rechtsseitigen Photonen vertikal polarisiert sein. Dieses Mal stellen wir wieder, wie beim ersten Experiment, auf die rechte Seite den Φ-Polarisator.

2) Die rechtsseitig vertikal polarisierten Photonen spalten sich entweder in einen nach $\Phi_+$ polarisierten oder in einen nach $\Phi_-$ polarisierten Anteil.

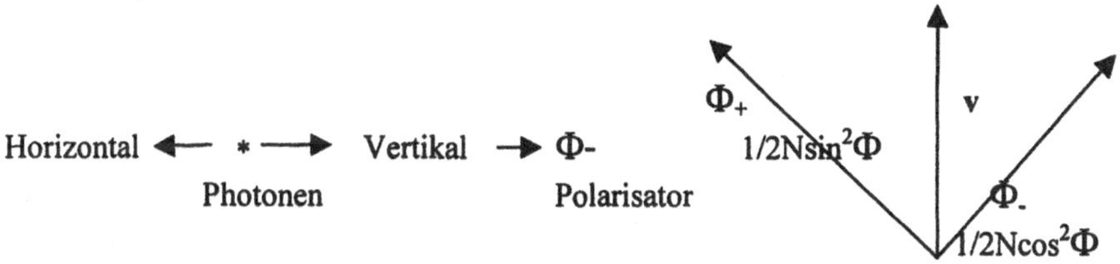


Die Zahl der rechtsseitig $\Phi_+$ polarisierten Photonen ($n(h, \Phi_+)$) ist ½$N\sin^2\Phi$ und die Zahl der $\Phi_-$ polarisierten Photonen ($n(h,\Phi_-)$) ½$N\cos^2\Phi$.

Unsere Ergebnisse lassen sich folgendermaßen zusammenfassen:

$$\left.\begin{aligned} n(v,\Phi+) &= 1/2\, N \cos^2 \Phi \\ n(v,\Phi-) &= 1/2\, N \sin^2 \Phi \\ n(h,\Phi+) &= 1/2\, N \sin^2 \Phi \\ n(h,\Phi-) &= 1/2\, N \cos^2 \Phi \end{aligned}\right\} \quad (1)$$

Auf Grund der Gleichung (1) vergleichen wir die Vorhersagen der Quantentheorie mit denen der Theorie der verborgenen Parameter. Dafür wird der ‚Korrelationskoeffizient' C benötigt.

$$C = [n(v,\Phi+) + n(v,\Phi-) + n(h,\Phi+) + n(h,\Phi-)]\,/N \quad (2)$$

Der Korrelationskoeffizient zeigt die Korrelation zwischen Winkeln. Wenn $\Phi = 0$ ist, sind $n(v,\Phi_+) = n(h,\Phi_-) = ½ N$ und $n(v,\Phi_-) = n(h,\Phi_+) = 0$. Dann ist C = 1,0. In diesem Fall ( C = 1,0) korrelieren diese Ergebnisse. Der Fall, in dem $\Phi = 90^0$ ist, ist derselbe, nur dass die Rollen der beidenrechtsseitigen Kanäle vertauscht sind: C ist –1,0 und man nennt das ‚Antikorrelation'. Wenn $\Phi = 45^0$ ist, sind alle Photonen gleichwahrscheinlich: $n(v,\Phi_+) = n(h,\Phi_-) = n(v,\Phi_-) = n(h,\Phi_+) = ¼$ . In diesem Fall ist C = 0 und es besteht keine Korrelation. Das bedeutet, dass der Wert von ‚C' die

Korrelation je nach den Werten von Φ zeigt. Mit Hilfe von C können wir feststellen, ob die Quantentheorie oder die Theorie der verborgenen Parameter mit dem tatsächlichen Experiment übereinstimmt. Der ‚Korrelationskoeffizient' C in der Quantentheorie kann leicht berechnet werden, wenn wir die Gleichungen (1) und (2) benutzen:

$$C = (\tfrac{1}{2} N \cos^2 \Phi + \tfrac{1}{2} N \cos^2 \Phi - \tfrac{1}{2} N \sin^2 \Phi - \tfrac{1}{2} N \sin^2 \Phi)/N$$
$$= \cos^2 \Phi - \sin^2 \Phi$$
$$= \cos 2\Phi \qquad (3)$$

Wenn wir den Korrelationskoeffizient C in der Quantentheorie darstellen, bekommen wir folgende Abbildung.[116]

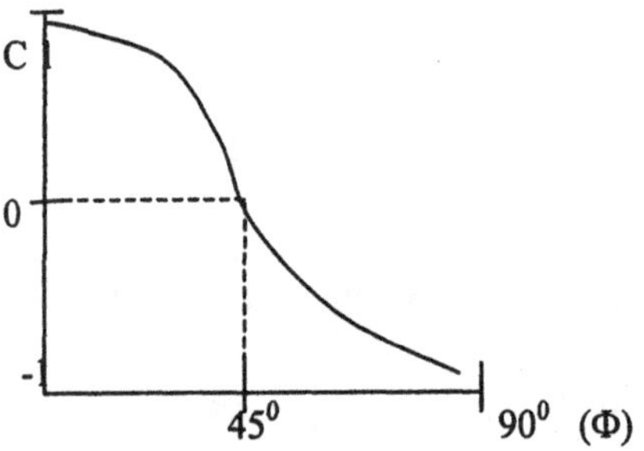


Abbildung 3.7: Bei der Quantentheorie ist der Zusammenhang zwischen den Korrelationskoeffizienten und den Winkeln nicht linear.

Als nächstes berechnen wir den Koeffizient C mit der Theorie der verborgenen Parameter. Unter der Voraussetzung der verborgenen Parameter können wir drei verschiedene Polarisationen eines Photons messen. Da die Werte der Polarisationen eines Photons vor der Messung schon bestimmt sind, können wir drei voneinander unabhängige Polarisationen messen. Wir nehmen Photonen, die in irgendeiner Richtung polarisiert sind und sich willkürlich von Paar zu Paar verändern, aber deren Paare immer senkrecht zueinander polarisiert sind. Außerdem nehmen wir ein Messgerät an, durch das ein Photon entweder horizontal oder vertikal polarisiert wird, wenn seine tatsächliche Polarisationsrichtung einem Winkel kleiner als $45^0$ zur Horizontalen (oder Vertikalen) entspricht.

Bei der ersten Messung können wir schließen, dass die Polarisierungsrichtungen der linksseitigen Photonen, die vor den Messungen innerhalb

[116] A. Rae, *Quantenphysik: Illusion oder Realität*, 1996, S. 60.

von $45^0$ zur Senkrechten gelegen sind, vertikal polarisiert sind. Deshalb müssen die rechtsseitigen Polarisierungen der Photonen, die innerhalb von $45^0$ zur Waagerechten liegen, horizontal sein.

Die erste Messung

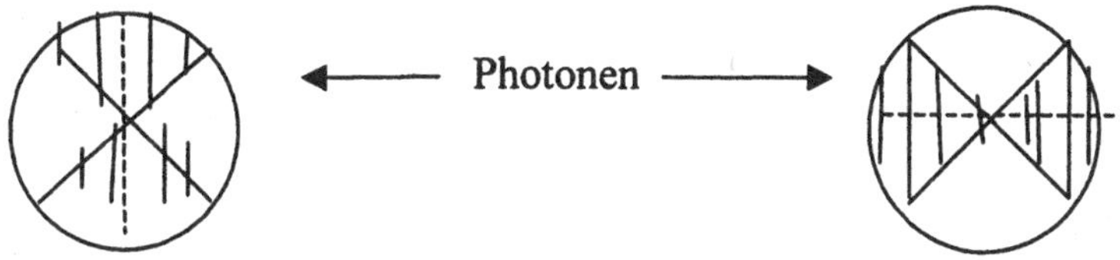


Abbildung 3.8: Die linksseitigen Photonen, die innerhalb von 45 Grad zur Senkrechten polarisiert sind, enthalten die vertikalen Polarisationen, während die rechtsseitigen Photonen, die innerhalb von 45 Grad zur Waagerechten polarisiert sind, die horizontalen Polarisationen enthalten.

Bei der zweiten Messung manipulieren wir den rechtsseitigen Polarisator. Wir schieben die horizontale Achse zur Richtung Φ und messen die Polarisation.

Die zweite Messung

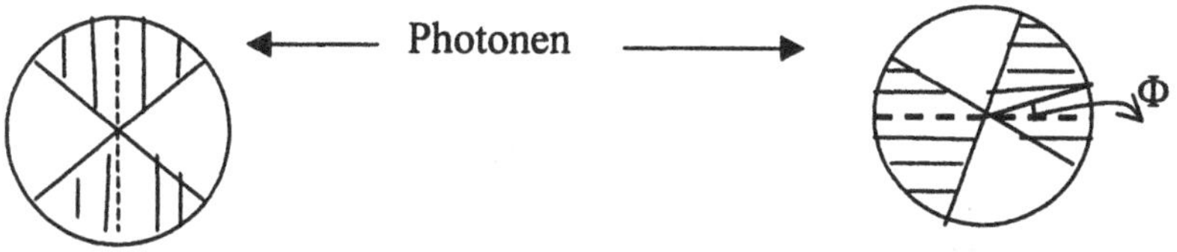


Abbildung 3.9: Der linksseitige Polarisator wird nicht geändert, während die Achse der rechtsseitigen Polarisator entgegen Uhrzeigersinn um Φ verschoben wird.

Bei dieser zweiten Messung (bei der die linksseitigen Photonen senkrecht und die rechtsseitigen parallel zu Φ gemessen werden) wird die horizontale Achse auf der rechte Seite parallel zu Φ verschoben. Daher werden die Photonen auf der rechten Seiten, die innerhalb des Bereiches zwischen $\Phi + 45^0$ und $45^0 - \Phi$ liegen, als Φ polarisiert (siehe den schattierten Bereich auf der rechten Seite).
Wir stellen jetzt drei Polarisatoren auf. Einer misst die vertikalen Polarisationen auf der linken Seite, ein anderer die vertikalen Polarisatio-

nen auf der rechten Seite und der dritte die $\Phi$ Polarisationen auf der rechten Seite. Dann bekommen wir folgendes Ergebnis.

3) Ergebnis a:

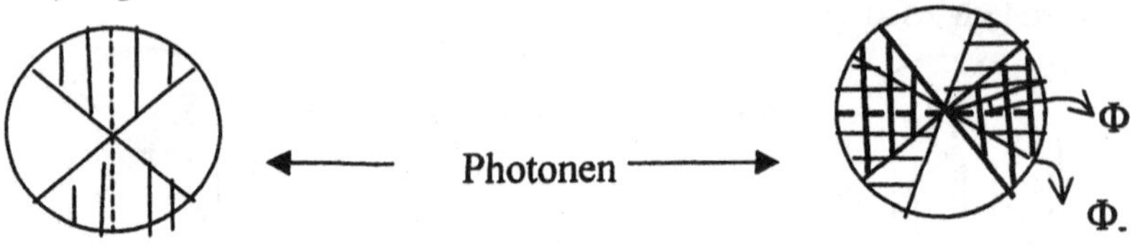


Abbildung 3.10: Die rechtsseitigen Polarisationen der Photonen liegen innerhalb des doppelt schraffierten Bereiches.

Messen wir dieses Mal drei Polarisationen, die linksseitig horizontale, die rechtsseitig vertikale und die rechtsseitig $\Phi$-polarisierte. Dann bekommen wir folgendes Ergebnis.

Ergebnis b:

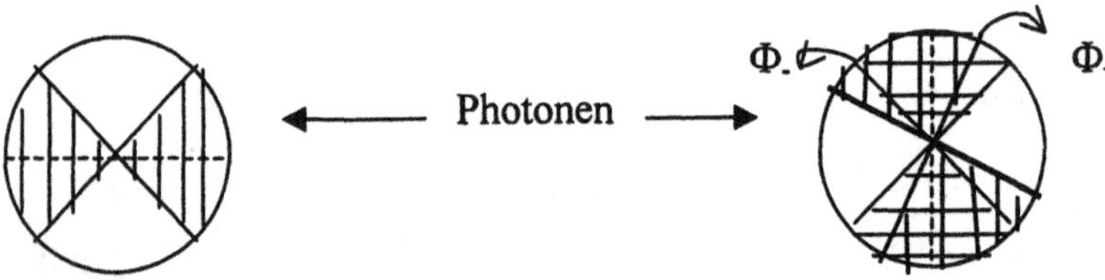


Abbildung 3.11: Die rechtsseitigen Polarisationen liegen innerhalb des doppelt schraffierten Bereiches.

Am Anfang dieses Experiments haben wir angenommen, dass jedes Photon willkürlich polarisiert ist. Deshalb ist die Zahl der rechtsseitigen Photonen bei dem Ergebnis proportional zur Größe dieses Kreisabschnitts. Das heißt, dass die tatsächlichen Polarisationen der rechtsseitigen Photonen im doppelt schattierten Bereich der beiden Messungen liegen. Für die Bestimmung der Zahl der rechtsseitigen Photonen müssen wir $90^o$-$\Phi$ statt $90^0$ nehmen: Die Zahl der rechtsseitigen Photonen ist proportional zum doppelt schraffierten Bereiche des Halbkreises in der Abbildung 3.10 und 3.11. Dann erhalten wir folgendes Resultat:

$$\left.\begin{array}{l} n(v,\Phi_+)/N = (90^o - \Phi)/180^0 \\ n(v,\Phi_-)/N = \Phi/ 180^0 \\ n(h,\Phi_-)/N = (90^0 - \Phi)/180^0 \\ n(h,\Phi_+)/N = \Phi/180^0 \end{array}\right\} \quad (4)$$

Wenn wir dieses Resultat(4) und die Gleichung (2) verbinden, bekommen wir den Korrelationskoeffizienten für den verborgenen Parameter:

$$C\,(\text{verborgener Parameter}) = (90^0 - \Phi + 90^0 - \Phi - \Phi - \Phi)/180^0$$
$$= (1 - \Phi)/\,45^0$$

Dieses Resultat ($1 - \Phi/45^0$) lässt sich folgendermaßen darstellen:

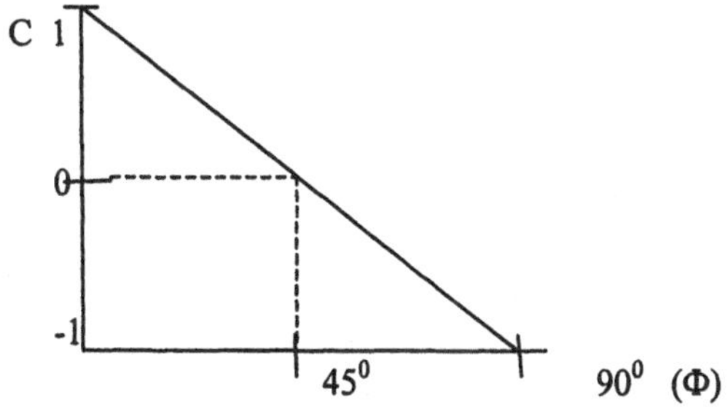


Abbildung 3.12: Der Zusammenhang zwischen dem Korrelationseffizienten und der Winkel bei dem verborgenen Parameter ist linear.

Diese Darstellung stimmt mit der Abbildung 3.7 nur an den bestimmten Punkten $\Phi = 0$, $90^0$ und $45^0$ überein, weicht aber für andere Winkel davon ab: Die Korrelation der Theorie verborgener Parameter stimmt mit den Korrelationen der Quantentheorie nicht überein.

Um zu entscheiden, ob die Vorhersagen der Quantentheorie oder der Theorie der verborgenen Parameter richtig sind, müssen wir die beiden Resultate mit dem tatsächlichen Experiment vergleichen: Der Koeffizient der Quantentheorie stimmt mit dem tatsächlichen Experiment völlig überein, während er für die Theorie der verborgenen Parameter nicht mit dem Experiment im Einklang steht.[117]

Bell erforschte die Richtigkeit der Voraussetzung der Theorie verborgener Parameter, besonders des EPR-Experimentes. Er hat als Ausgangspunkt die Möglichkeit einer Fernwirkung bei der Polarisation angenommen. Die Struktur der Bellschen Analyse sieht folgendermaßen aus:

Bell nimmt, genau wie beim EPR-Experiment, zwei Voraussetzungen an:

1) Realismus: Physikalische Objekte existieren unabhängig von ihrer Beobachtung.

---

[117] Da tatsächliche Experimente in Verbindung mit den verborgenen Parametern ziemlich schwer überprüfbar sind, könnte man erst am Ende des achtzigen Jahre Bells logische Ungleichung experimentell überprüfen.

2) Lokalität: Physikalische Effekte breiten sich nicht mit Überlichtgeschwindigkeit aus, d.h. Realität ist lokal.
Unter diesen Voraussetzungen zeigt Bell mit Hilfe der Arithmetik, dass die Forderung der beiden Voraussetzungen direkt zu einer Ungleichung (oder Bells Ungleichung) führt, wenn die experimentellen Ergebnisse den Voraussetzungen genügen müssen. Aber die tatsächlichen Ergebnisse widersprechen der Bellschen Ungleichung. Daher müssen die Voraussetzungen des EPR-Experiments falsch sein. Schlussfolgerung ist, dass jede Realität, die dem EPR-Experiment zugrunde liegt, entweder nicht-lokal sein muss oder dass wir den klassischen Realismus aufgeben müssen.
Sehen wir uns seinen Beweis genau an. Wenn die Voraussetzungen der verborgenen Parameter gelten, d.h. solange man davon ausgeht, dass die Polarisierung eines Photons nicht durch eine Messung des anderen Photons beeinflusst wird und das Ergebnis jeder Messung durch eine (verborgene) Eigenschaft des Photons festgelegt ist, dann kann man die Polarisierung eines Photons in drei verschiedenen Richtungen messen, ohne es in irgendeiner Weise zu stören.

1) Die erste Messung: HV-Polarisator ← Photonen → $\Phi_\pm$ Polarisator
2) Die zweite Messung: HV-Polarisator ← Photonen → $\Theta_\pm$ Polarisator
3) Die dritte Messung: $\Phi_\pm$ Polarisator ← Photonen → $\Theta_\pm$ Polarisator

In der ersten Messung wird HV Polarisation auf der linken Seite gemessen und $\Phi_\pm$ Polarisation auf der rechten Seite. Wir notieren ein Plus, falls das Ergebnis parallel zur Messung herauskommt, und ein Minus, wenn es senkrecht zur Messung ist. Wenn man die Messung viele Male wiederholt, bekommt man für die linksseitigen Photonen vertikale Polarisationen und für die rechtsseitigen Photonen $\Theta_\pm$ Polarisation. Dann schreibt man einen Wert $n(h= +, \Phi= +)$ im Hinblick auf die rechtsseitigen Photonen. Wenn man die Messung im Hinblick auf beide Seiten (die rechte und die linke Seite) beschreibt, ist es $n(v, \Phi+) = n(h = +, \Phi = +)$.
Wir betrachten jetzt das zweite Experiment, in dem die rechtsseitige Apparatur anders ausgerichtet wird, um Messungen in eine andere Richtung ( z.B. mit dem Winkel $\Theta$ zur Horizontalen) durchzuführen, während die linksseitige Apparatur bei HV belassen wird. Auf genau dieselbe Weise erhalten wir $n(v, \Theta+) = n(h = +, \Theta = +)$.
Wir betrachten jetzt ein drittes Experiment, in dem die linksseitige Apparatur in $\Phi$ - Richtung orientiert ist, während die rechtsseitige in $\Theta$ - Rich-

tung belassen wird. Danach genau wie zuvor notieren wir diese Polarisationen der linksseitigen $\Phi_+$ und der rechtsseitigen $\Theta_+$ :

$$n(\Phi+, \Theta+) = n(\Phi = -, \Theta = +).$$

Dann bekommen wir aus diesen drei Experimenten eine einfache Ungleichung:

$$n(v, \Phi+) + n(\Phi+, \Theta+) \geq n(v, \Theta+)$$ [118]

Dies ist das ‚Bellsche Theorem' oder die ‚Bellsche Ungleichung'. Diese Ungleichung bedeutet: Wenn wir drei Experimente durchführen, um die Polarisierungen einer großen Zahl von Photonen zu messen, in denen die links- und die rechtsseitigen Polarisatoren (a) senkrecht und in einem Win-

---

[118] Man nehme ein Stück Papier und schreibe drei Symbole darauf. Jedes von ihnen muss entweder ein Pluszeichen oder ein Minuszeichen sein, und zwar in beliebiger Reihenfolge. Dann schreibe man weitere drei Plus- und Minuszeichen unter die ersten drei und wiederhole das, bis man zehn oder zwanzig Reihen mit jeweils drei Zeichen hat. Die Tabelle stellt ein Beispiel dieser Art von Muster dar.

Tabelle

| | | | | | | | | | | | | | |
|---|---|---|---|---|---|---|---|---|---|---|---|---|---|
| *h* | + | + | - | + | - | - | + | - | + | - | - | + | + |
| Φ | + | - | + | - | + | - | - | + | + | + | - | + | - |
| Θ | - | + | - | + | + | + | - | - | + | - | + | - | + |

Wie gezeigt, werden die drei Spalten mit *h*, Φ und Θ bezeichnet. Der nächste Schritt ist, die Liste durchzugehen und zu zählen, wie viele Reihen ein Plus sowohl in der *h* - Spalte als auch der Φ - Spalte haben. Diese Zahl wird $n(h = +, \Phi = +)$ genannt ( im obigen Beispiel ist die Zahl 3). Nun zähle man, wie viele Zeilen ein Minus in der Φ - Spalte haben und gleichzeitig ein Plus in der Θ - Spalte, und diese nennen wir $n(\Phi = -, \Theta = +)$ (5 im Beispiel); und dann bestimme man $n(h = +, \Theta = +)$, die Zahl der Paare mit Pluszeichen in sowohl der *h*- als auch der Θ - Spalte (4 im obigen Beispiel). Dann addiere man die ersten zwei Zahlen, und falls Sie den Anweisungen genau gefolgt sind, werden Sie feststellen, dass Ihr Ergebnis immer größer als oder möglicherweise gleich der letzen Zahl ist. Also

$$n(h = +, \Phi = +) + n(\Phi = -, \Theta = +) \geq n(h = +, \Theta = +).$$

*Beweis* : $n(h = +, \Phi = +) = n(h = +, \Phi = +, \Theta = +) + n(h = +, \Phi = +, \Theta = -)$

$$n(\Phi = -, \Theta = +) = n(h = +, \Phi = -, \Theta = +) + n(h = -, \Phi = -, \Theta = +)$$

$$n(h = +, \Theta = +) = n(h = +, \Phi = +, \Theta = +) + n(h = +, \Phi = -, \Theta = +).$$

Wenn wir die ersten beiden Gleichungen miteinander addieren, erhalten wir

$$n(h = +, \Phi = +) + n(\Phi = -, \Theta = +) = n(h = +, \Phi = +, \Theta = +) + n(h = +, \Phi = +, \Theta = -) + n(h = +, \Phi = -, \Theta = +) + n(h = -, \Phi = -, \Theta = +).$$

Der erste und dritte Term auf der rechten Seite dieser Gleichung miteinander addiert ergibt jedoch genau den Term $n(h = +, \Theta = +)$.

Es folgt deshalb, dass

$$n(h = +, \Phi = +) + n(\Phi = -, \Theta = +) = n(h = +, \Theta = +) + n(h = +, \Phi = +, \Theta = -) + n(h = -, \Phi = -, \Theta = +) \geq n(h = +, \Theta = +)$$ dargestellt nach A. Rae, *Quantenphysik*, 1996, S.64f.

kel $\Phi$ zur Horizontalen stehen, (b) senkrecht und in einem Winkel $\Theta$ und (c) in einem Winkel $\Phi$ zur Linken und einem Winkel $\Theta$ zur Rechten, so ist die Gesamtzahl der Paare, in denen beide Photonen im zweiten Experiment als positiv festgestellt werden, nie größer als die Summe der doppelt positiven Paare in den anderen beiden Experimenten. Diese Ungleichung ist eine logische Folge, wenn man die Theorie verborgener Parameter voraussetzt: Die Polarisationen der verborgenen Parameter werden durch die Einstellung des anderen Polarisators nicht beeinflusst. Daher kann ein Photon beliebige Polarisationen annehmen unabhängig vom verwendeten Apparat.
Nun überprüfen wir, ob die Quantentheorie mit der Bellschen Ungleichung konsistent ist. Dafür benützen wir Gleichung (1) in diesem Kapitel. Geben wir den drei Gliedern ($n(v, \Phi_+)$, $n(\Phi_+,\Theta_-)$ und $n(v,\Theta_+)$) der Bellschen Ungleichung gemäß der Gleichung (1) folgende Werte an: Für $n(v, \Phi_+)$ wird $\frac{1}{2} N \cos^2 \Phi$ angegeben, für $n(v,\Theta_+)$ ebenso $\frac{1}{2} N \cos^2 \Theta$ und für $n(\Phi_+,\Theta_-)$ wird die Rotation der Achse benötigt. Wir nehmen für die Angabe von $n(\Phi_+,\Theta_-)$ die neue waagerechte Achse $\Theta - \Phi$, d.h. wir rotieren die waagerechte Achse zur Richtung $\Phi_-$, dann wird $\Phi_-$ die neue waagerechte Achse und die Richtung $\Theta_+$ befindet sich dazu in einem Winkel $\Theta - \Phi$. Daher gilt $n(\Phi_+,\Theta_+) = n(h, (\Theta - \Phi)_+) = \frac{1}{2} N \sin^2 (\Theta - \Phi)$. Es folgt daraus, dass die Bellsche Ungleichung und die Quantentheorie nur genau dann konsistent sein könnten, wenn $\cos^2 \Phi + \sin^2 (\Theta - \Phi) \geq \cos^2 \Theta$ (5) für alle möglichen Werte für $\Theta$ und $\Phi$ gilt.
Aber die Quantentheorie ist nicht mit dieser Ungleichung konsistent. Um das zu zeigen, betrachten wir den Spezialfall, in dem $\Phi = 3\Theta$ ist und formulieren die Ungleichung (5) um. Dann bekommen wir die folgende Ungleichung: $\cos^2 3\Theta + \sin^2 2\Theta - \cos^2 \Theta \geq 0$.
Für alle Werte von $\Theta$ muss die Ungleichung positiv oder Null sein. Nun vergleichen wir dieses Ergebnis mit der Quantentheorie. Nach der Quantentheorie zeigt diese umformulierte Ungleichung die folgende Kurve:

$$\cos^2 3\theta + \sin^2 2\theta - \cos^2 \theta$$

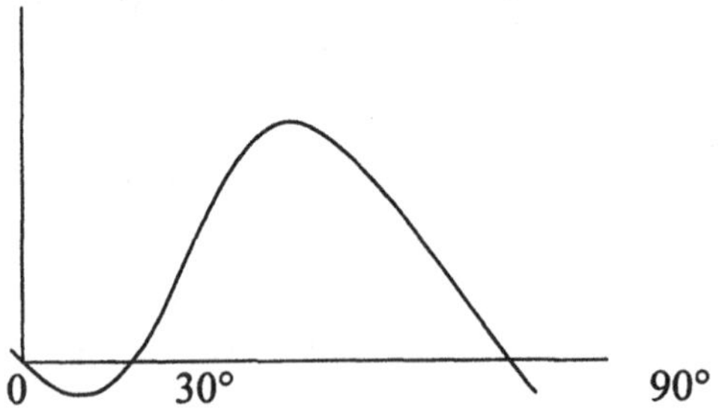


Abbildung.3.13: Wenn die Quanten -physik mit Bells Theorem konsistent wäre, müsste die Funktion $\cos^2 3\,\Theta + \sin^2 2\,\Theta - \cos^2 \Theta$ für alle Werte von $\Theta$ positiv oder Null sein. Die Kurve zeigt, dass dies für Werte von $\Theta$ zwischen 0° und 30° nicht der Fall ist.

Bei dieser Kurve sind die Werte zwischen 0 Grad und 30 Grad negativ. Daher verletzt das Ergebnis die Bellsche Ungleichung[119]. Deshalb sind wir zu dem Schluss gezwungen, dass entweder die Quantentheorie die Ergebnisse der Polarisierungsmessungen von Photonenpaaren nicht richtig voraussagt, oder dass die Annahmen, auf denen Bells Theorem beruht, falsch sind. Die bis jetzt durchgeführten Experimente stimmen mit der Quantentheorie überein. Daraus schließen wir aus Bells Beweis, dass mindestens eine der beiden genannten Voraussetzungen von Bells Beweise falsch ist. Man scheint nur die Wahl zu haben, entweder die Realismus- oder die Lokalitätsforderung aufzugeben. Heutzutage wird Bells Beweis meist als ein Argument gegen den klassisch ontologischen Realismus benutzt.[120]

### 4. Chaostheorie

Die Natur, die auf Newtons physikalischem System beruht, ist mechanistisch. Das System wird eindeutig bestimmt und alle Ereignisse werden in Vergangenheit und Zukunft berechenbar, falls wir über eine Kenntnis aller Kräfte und aller Anfangs- und Randbedingungen mit absoluter Genauigkeit verfügen. Und die Fähigkeit, über dieses absolute Wissen zu verfügen, ist die latente Voraussetzung für Newtons Determinismus. Daher ist Newtons Welt vorherbestimmt und berechenbar.[121] In der Welt der Newtonschen Mechanik verläuft die Problemlösung also nach dem folgenden Ablaufschema. Man stellt eine geeignete Differentialgleichung auf, die das Problem beschreibt. Dann löst man die Differentialgleichung. Diese Lösung bietet uns die Möglichkeit, zukünftiges Verhalten präzise vorauszusagen. Wir müssen nur den Zeitpunkt t, für den wir die Voraussage wünschen, in die Lösung einsetzen.[122] Bei diesem Weltbild liegt die Ursache einer möglichen Nichtberechenbarkeit in der menschlichen Unkenntnis: Wegen

[119] Seit 1969 wurden mehrere Experimente zu Bells Ungleichung durchgeführt ( z.B. Clauser, Horme, Shimony, Holt, 1969 ; Clauser, Horme, 1974 ; Clauser, Shomony, 1978; Aspect, Grangier, Roger, 1982; Aspect, Daliband, Roger, 1982). Wegen der technischen Schwierigkeiten erbringen die durchgeführten Experimente verschiedene Ergebnisse. Das überzeugendste Experiment wurde von Alain Aspect und seinen Mitarbeitern durchgeführt. Die technisch besten Experimente von Aspect lieferten in Übereinstimmung mit der Quantentheorie die stärksten Abweichungen von der Bellschen Ungleichung, so dass heute die meisten Physiker die Ungleichung als verletzt betrachten. Vgl. L. Arendes, *Gibt die Physik Wissen über die Natur?*, 1992, S. 67f.

[120] Vgl. L. Arendes, *Gibt die Physik Wissen über die Natur?*, 1992, S. 68.

[121] Vgl. F. Cramer, *Zeitbaum*, 1996, S. 4.

[122].W. Kinnebrock, *Bedeutende Theorien des 20. Jahrhunderts*, 1999, S.113.

unserer eingeschränkten Erkenntnisfähigkeit können wir die Ursache nicht genau wissen.[123] Auf der Ebene der Objekte hat die Nichtberechenbarkeit keinen Platz: „Alle Ereignisse sind nach Druck und Stoß durch mechanische Gesetze bestimmt.“[124]

Bis Ende des 19. Jahrhunderts haben die meisten Physiker an dieses Weltbild geglaubt. Die natürlichen Phänomene werden mit den Mitteln der Newtonschen Mechanik formalisiert und gelöst: Andere natürliche Phänomene, die mit ihrer Hilfe nicht lösbar sind, wurden als Ausnahmen betrachtet. Aber mittlerweile werden nicht nur in physikalischen, sondern auch in chemischen und in biologischen Bereichen immer mehr nicht-differenzierbare Naturvorgänge, die auf einer ganz anderen Struktur als der Newtonschen Mechanik beruhen, gefunden. Einige Wissenschaftler vermuten sogar, dass die meisten Naturvorgänge eher nicht-differenzierbar, bzw. chaotisch sind.[125]

Während die ursprüngliche Bedeutung von ‚Chaos‘ ‚gesetzlos’ ist[126], bedeutet Chaos im modernen Sinne der Theorie dynamischer Systeme nicht ‚Gesetzlosigkeit’. Es bezeichnet vielmehr den Umstand, dass sich im chaostheoretischen Bereich ‚neue formale Strukturen’ zeigen.[127] Obwohl eine allgemeine Definition für ‚Chaos’ sich auf die Mehrzahl aller interessanten Fälle anwenden lässt, ist die einheitliche Definition für chaotische Phänomene noch nicht gefunden worden.[128] Trotzdem werden als notwendige Eigenschaften chaotischer Phänomene die Nichtlinearität der Dynamik und die sensitive Abhängigkeit von den Anfangsbedingungen anerkannt.

---

[123] Nach Herbert kann die Ignoranz oder Unkenntnis über die Natur in zwei Arten geteilt werden. Eine ist die klassische Ignoranz. Aufgrund der menschlichen Unfähigkeit können wir die wahre Ursache nicht genau wissen. Die andere ist die quantenmechanische Ignoranz. Danach liegt die Ursache der Unkenntnis nicht in unserer Unfähigkeit, sondern in der Eigenschaft der Objekte selbst. Die Unkenntnis gehört zu den Eigenschaften der Objekte. Vgl. N. Herbert, *Quantenrealität*, 1987, S.160.

[124] M. Merleau-Ponty, *Der Mechanismus*, 1984, S.130.

[125] Vgl. R. Mahnke/J. Schmelzer, *Nichtlineare Phänomene und Selbstorganisation*, S. 9, und vgl. G. E. Morfill/H. Scheingraber, *Chaos ist überall und es funktioniert*, 1991, S. 288.

[126] Die ursprüngliche Bedeutung von Chaos kommt aus dem Griechischen und bedeutet den unendlich leeren Raum, der vor allen Dingen existiert.

[127] H.-O. Peitgen/H. Jürgens/D. Saupe, *Chaos*, 1994, S.13.

[128] 1986 hat die internationale Konferenz der Royal Society in London die Definiton von Chaos so formuliert: „Stochastic behavior occuring in a deterministic system“. Vgl. J. Holte, *Chaos*,1990, S. viii.

Die wesentlichen grundlegenden mathematischen Strukturen der Newtonschen Mechanik und der chaotischen Phänomene sind vollkommen verschieden. Die Struktur der Newtonschen Mechanik beruht auf den linearen Differentialgleichungen. ‚Linearität' ist ein mathematischer Ausdruck für ein Verhalten, das man graphisch durch eine gerade Linie wiedergeben kann und das auf der direkten Proportionalität zwischen zwei Größen beruht. Für ein lineares System gilt nur, dass sein Gesamtverhalten die Summe des Verhaltens seiner Teile ist.[129] Wegen dieser Linearität weisen lineare Systeme eine wichtige modulare Eigenschaft auf: Sie lassen sich auseinandernehmen und wieder zusammensetzen. Wenn ein Naturvorgang in der Form $X_1(t)$ ablaufen kann und danach in der Form $X_2(t)$, dann ist auch die additive Zusammenfügung $X_1(t) + X_2(t)$ ein möglicher Prozess der Natur.[130] Diese Linearität ist die grundlegende Struktur von Newtons Mechanik. Die Naturvorgänge, auf denen die Mechanik Newtons basiert, sind daher einfach auflösbar.

Im Vergleich zur Struktur der Newtonschen Mechanik ist die Struktur der chaotischen Phänomene durch die lineare Differentialgleichung nicht charakterisierbar. Ein Beispiel ist die reale Feder. Während die Bewegung der idealen Feder linear ist, d.h. die Proportion der Zunahme ist abhängig von der Kraft und unabhängig davon, wie weit die Feder schon ausgedehnt war, verhält sich die reale Feder nicht linear. Bei der realen Feder hängt die Zunahme von dem früheren Ergebnis ab. Diese Eigenschaft nennt man ‚Nichtlinearität'. Die Dynamik der Nichtlinearität wird erzeugt durch ‚Rückkopplung': Z.B. die Zunahme einer realen Feder hängt nicht nur von der Kraft, sondern auch von der schon ausgedehnten Länge ab. Oder Kisten voller Äpfel kosten weniger als die Summe der Preise für die einzelnen Äpfel: Die Höhe des Preisnachlasses hängt davon ab, wie viele Kisten Äpfel man kauft. Der Zusammenhang zwischen dem Ergebnis und der Ursache ist nicht linear. Nicht-lineare Systeme sind in aller Regel nicht auflösbar, weil sie sich nicht beliebig trennen und zusammenfügen lassen.[131]

Außer dieser Nichtlinearität weisen die chaotischen Systeme noch andere Eigenschaften auf, wie z.B. die sensitive Abhängigkeit von den Anfangsbedingungen, den sogenannten ‚Schmetterlingseffekt', der von Lorenz entdeckt wurde.

---

[129] Vgl. P. Coveney/ R. Highfield, *Anti–Chaos*, 1994, S. 204.

[130] Diese Eigenschaft nennt man ‚Additivität'. Neben dieser Eigenschaft enthält die Linearität die Eigenschaft der ‚Homogenität': $f(av) = af(v)$, wobei $a$ eine Konstante und $v$ eine Variable ist.

[131] J. Gleick, *Chaos*, 1988, S. 98.

Edward Lorenz ist ein Meteorologe. Bei der Wettererforschung versuchte er mit Hilfe eines Computers, die Grundentwicklungsform der Wetterstruktur herauszufinden.[132] Als er den Wert einer Variablen (z.B. die Geschwindigkeit des Windes) in den Computer eingab, hat er zufällig eine wesentliche Eigenschaft chaotischer Phänomene entdeckt. Er benützte zwei nahezu gleichen Werte (z. B. 0.506127 und 0.506128) für eine Variable. Bei der Computersimulation wichen die zwei Varianten dieser zwei Anfangsbedingungen immer weiter von einander ab, bis sie zuletzt keine Gemeinsamkeit mehr zeigten.[133] Der Prozess verläuft beim ersten Wert (0.506127) ganz anders als beim zweiten Wert (0.506128). Nach kurzer Zeit haben anfangs benachbarte Zustände nur noch sehr wenig miteinander zu tun.

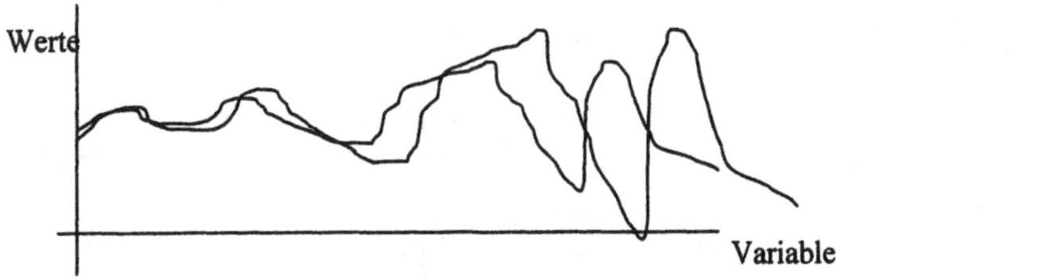


Abbildung 4.1

*Gibt man geringfügig abweichende Ausgangssituationen vor*, so verlaufen die Wetterentwicklungen auf sehr veränderte Weise. Daher kam Lorenz zu dem Schluss, dass langfristige Wettervorhersagen prinzipiell unmöglich sind, weil wir nicht mit absolut genauen Anfangsbedingungen beginnen können und die ungenauen Daten im Laufe der Zeit immer mehr Ab-

[132] Wetterelemente sind beispielsweise Temperatur, Niederschlag, Wind und Luftdruck. Die Meteorologie nutzt das Wissen und die Gesetze fundamentaler, allgemeiner Disziplinen wie der klassischen Mechanik und Hydrodynamik, Thermodynamik und Chemie. Die Meteorologie ist jedoch komplexer, weil die Bewegung des Wetters sehr kompliziert ist. Daher benötigt man zur Vorhersage in einer Stunde, wie das Wetter in der näheren Umgebung ist, Informationen über das Wetter in einer Umgebung von 50-100 km in jede Richtung. Für einen Tag benötigt man schon Daten aus ganz Europa, für 2-4 Tage müssen aktuelle Beobachtungen vom Nordpol bis zum Äquator und von Mittelasien bis zu den amerikanischen Großen Seen vorliegen. Um 5- bis 7- tägige Prognosen zu erzeugen, werden schon globale Datensätze benötigt, weil Vorgänge über dem Südatlantik innerhalb dieser Zeitspanne, meist indirekt, auf die atmosphärische Zirkulation unserer breiten Einfluss nehmen können. Vgl. K. Balzer/W. Enke/W. Wehry, *Wettervorhersage*, 1998, S. 198.
[133] J. Gleick, *Chaos*, 1988, S. 28.

weichungen produzieren. Irrtümer und Unsicherheiten der Anfangsbedingungen vermehren sich in sehr schnellem Tempo und summieren sich im ganzen System. Diese Empfindlichkeit von den Anfangsbedingungen nennt er ‚Schmetterlingseffekt'. Kleine Ursachen können große Wirkungen hervorrufen: Der Flügelschlag eines Schmetterlings in Afrika kann ein Unwetter in Berlin verursachen.[134] Der Flügelschlag eines Schmetterlings an einer Stelle der Erdoberfläche kann darüber entscheiden, ob zwei Wochen später an einer weit entfernten Stelle der Erde ein Tornado entsteht oder auch nicht. Lorenz hat zuerst die grundlegenden Eigenschaften des Chaos entdeckt.[135]

Neben dem Schmetterlingseffekt hat Lorenz bei seiner Computersimulation auch den ‚Lorenz-Attraktor', einen ‚seltsamen Attraktor'[136], entdeckt. Ein Punkt in einem Attraktor entspricht in mathematischer Hinsicht der In-

---

[134] Lorenz selbst schreibt hierzu; „Im Verlauf unserer Arbeit entschlossen wir uns, eine der Lösungen eingehender zu prüfen, wir nahmen daher die Zwischenergebnisse, die der Rechner ausgedrückt hatte und gaben sie ihm als neue Ausgangsdaten ein. Als wir eine Stunde später zurückkamen, entdeckten wir, dass der Rechner, nachdem er ungefähr zwei Zeitmonate simuliert hatte, zu einem völlig anderen Ergebnis gekommen war, als bei der Lösung, die er vorher geliefert hatte. Die erste Reaktion war, einen Fehler im Gerät zu vermuten, was nichts Ungewöhnliches war. Aber dann begriffen wir rasch, dass die beiden Lösungen gar nicht von identischen Ausgangsdaten gewonnen worden waren. Der Rechner führte seine Berechnungen mit sechs Dezimalstellen durch, drückte aber nur drei aus, so dass die neuen Anfangsbedingungen den alten nicht völlig gleich waren, sondern vielmehr kleine Abweichungen aufwiesen. Diese Abweichungen vergrößerten sich exponentiell und verdoppelten sich alle vier Tage der simulierten Zeit, so dass am Ende von zwei Monaten die beiden Lösungen völlig auseinander liefern. Ich zog daraus sogleich den Schluss, dass es unmöglich sein werde, langfristige und detaillierte Wettervorhersagen zu erstellen, wenn die Atmosphäre beherrschenden wirklichen Gleichungen sich genau so wie dieses Modell verhielten", zitiert nach W. Kinnebrock, *Bedeutende Theorie des 20. Jahrhunderts*, 1999, S.116f.

[135] "It is found that nonperiodic solutions are ordinarily unstable with respect to small modifications, so that slightly differing initial states can evolve into considerably different states", in: E. N. Lorenz, *Deterministic Nonperiodic Flow*, 1962, S. 130.

[136] Attraktoren sind geometrische Strukturen, die das Langzeitverhalten im Zustandsraum charakterisieren. Sie zeigen die Zustände an, auf die sich ein System im Lauf der Zeit hin bewegen kann. Zum Beispiel bleibt ein Pendel ohne Energiezufuhr nach kurzer Zeit stehen, es scheint von einem Punkt angezogen zu werden. Dementsprechend wird sein Verhalten im Phasenraum durch einen Punkt-Attraktor gegeben. Wenn die Dimension des Attraktors nicht ganzzahlig ist, bezeichnet man ihn als ‚seltsam'. Diese ‚seltsamen Attraktoren' beschreiben oft chaotische Systeme. Vgl. S. Greschik, *Das Chaos und seine Ordnung*, 1998, S.109 und J. P. Crutchfield/J. D. Farmer /N .H. Packard/R. S. Shaw, *Chaos*, 1987, S. 82.

formation zu einem gegebenen Augenblick des Systems. Wenn sich der Zustand des Systems im nächstem Augenblick verändert, bewegt sich der Punkt. Der Zustand des Systems kann im Verlauf der Zeit durch den sich bewegenden Punkt abgebildet werden. Ist das System ein Pendel ohne Reibung, verändern sich die Punkte periodisch und bilden eine geschlossene Kurve. Bei einem Pendel mit Reibung wird die Energie des Systems abgeleitet und schließlich muss das Pendel im Punkte stehen. Durch den Attraktor können wir die Bewegung eines Systems bestimmen. Die wichtigsten Attraktoren im Bereich der Mathematik oder Physik sind die ‚Punktattraktoren', bei denen ein System zum Stillstand kommt, ‚Grenzzyklen, bei denen sich ein System periodisch bewegt, und ‚seltsame Attraktoren', bei denen ein System eine chaotische Bewegung macht.[137] Lorenz hat das erste Beispiel eines seltsamen Attraktors in den Chaosphänomenen entdeckt.

Bei seiner Entdeckung hat Lorenz verschiedene Anfangswerte benutzt, während sich die herkömmliche Darstellung aus einem Anfangswert entwickelt. Durch die drei verschiedenen Anfangswerte konnte er drei verschiedene Entwicklungen eines Wetters erzeugen: Wir messen die Geschwindigkeit des Windes und nehmen drei verschiedene Anfangswerte (z.B. 0.501, 0.5016 und 0.50163). Im Lauf der Zeit entwickelt sich das System in drei verschiedene Richtungen je nach dem benutzten Anfangswert. Dann bekommen wir drei verschiedene Reihenfolgen (z.B. 0.501-0.683-0.870-0.145-....; 0.5016-0.7031-0.4789-0.2304-....; 0.50163-0.99785-0.39546-0.56901-.....).

Jedem Zeitpunkt ordnen die drei Werte einen bestimmten Punkt im dreidimensionalen Raum zu. Sobald das System läuft, bildet die Punktbewegung die sich kontinuierlich verändernden Werte ab. Der Computer druckte die sich ändernden drei Zahlenfolgen aus, z.B. 0.501-0.5016-0.50163; 0.683-0.7031-0.99785; 0.870-0.4789-0.39546;... Um die Daten graphisch darzustellen, benutzte Lorenz jede der drei Zahlenfolgen als Koordinaten, welche die Stelle eines Punktes im dreidimensionalen Raum bestimmten. Auf diese Weise erzeugte die Zahlenfolge eine Bewegungsreihung von Punkten. Nach der Analyse konnte Lorenz zeigen, dass sich das System nie exakt wiederholt und sich daher die Verlaufskurven nie überschneiden. Statt dessen winden sie sich ohne Ende in einer Schlinge nach der anderen: Das System bewegt sich innerhalb bestimmter Grenzen

---

[137] Vgl. K. Mainzer, *Quanten, Chaos und Selbstorganisation*, in: K. Mainzer/ W. Schirmacher (Hg.) Quanten, Chaos und Dämonen, 1994, S. 39.

und die Bewegungstrajektorien (oder Bewegungsbahnen) schneiden sich niemals. Die Graphik zeigt eine Art dreidimensionaler Doppelspirale, vergleichbar einem Schmetterling mit zwei Flügeln. Die Bewegung dieses Systems wird der ‚seltsame Attraktor' genannt. Diese Bewegung deutet auf reine Unordnung, denn kein Punkt und kein Muster von Punkten waren je identisch. Wenn wir den Attraktor im dreidimensionalen Raum abbilden, zeigt sich folgendes Bild.[138]

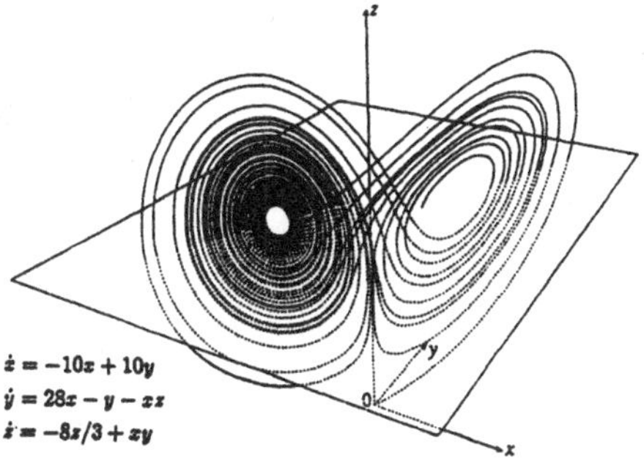


Abbildung 4.2:
DerLorenz-Attraktor
Die Grafik zeigt einen von einem Com - puter gezeichneten schmetterlingsförmi - gen Attraktor. Der Verlauf der Systemzustände in diesem ‚Phasenbild , ist hoch - gradig sensitiv: Kleinste Veränderungen, also etwa unmerkliche Luftströmungsänderungen, z.B. durch das Schlagen der Flügel eines Schmetterlings, können das System verändern.

Die Nichtlinearität und der Schmetterlingseffekt sind die notwendigen Elemente des Chaos. Seltsamerweise treten Nichtlinearität und Schmetterlingseffekt nicht nur in chaotischen Systemen, bzw. in nicht-Newtonschen Strukturen (dissipative Systeme), sondern auch in Newtonschen Strukturen (konservative Systeme) auf. Konservative Systeme sind Systeme, deren Bewegungen auf der Hamiltonschen Gleichung, die die erweiterte Newtonsche Gleichung ist, beruhen. Bei diesen Systemen bleibt die Bewegungsenergie erhalten und geht nicht durch innere Reibung verloren. Dort tritt nur ein Austausch von Energien innerhalb der abgeschlossenen Systeme auf. Das Wechselspiel von kinetischer und potentieller Energie eines idealen Pendels oder einer idealen Planetenbewegung ohne Reibung ist ein typisches Beispiel. In solchen Systemen können Ursachen und Wirkungen nicht nur eindeutig miteinander verknüpft werden, sondern prinzipiell mit beliebiger Genauigkeit berechenbar sein. Trotz dieser deterministischen Struktur treten chaotische Phänomene in diesen konservativen Systemen auf. Ein Beispiel ist das ‚Dreikörper-Problem'. Die Bewegung von drei Körpern im leeren Raum, die nur den gegenseitigen Gravitationskräften unterliegen, ist chaotisch, obwohl sich jeder Himmelskörper nach Newtons Mechanik bewegt. Im Vergleich zu den konservativen Systemen sind dissipative Systeme offene Systeme, die mit der Umgebung Energie und

[138] D. Ruelle, *Zufall und Chaos*, Berlin, 1993, S. 63.

Materie austauschen[139]. Diese Systeme befinden sich niemals im Gleichgewicht, sondern fern vom Gleichgewicht. Insbesondere Lebenwesen sind offene dissipative Systeme, die im Stoff- und Energieaustausch mit ihrer Umwelt neue Formen und Strukturen ausbilden. In dieser Situation ern vom Gleichgewicht entsteht eine rückkoppelnde nicht-lineare Wechselwirkung zwischen den Elementen des Systems. Nach dieser Wechselwirkung findet ab einem bestimmten kritischen Wert des Energie- und Materieflusses spontane Strukturentstehung statt. Das sind Ungleichgewichtsstrukturen, die durch konstante Dissipation von Energie aufrechterhalten werden. Beispiele für solche Strukturbildungen sind die Phänomene der Selbstorganisation und des Lebens[140].
Das Chaos entsteht daher sowohl in dissipativen Systemen als auch in konservativen Systemen: Die chaotischen Phänomene sind keine Ausnahmen, sondern allgemeine Tatsachen in der Natur. Wenn wir die Naturvorgänge mit Hilfe von physikalischen Kriterien ordnen, ergibt sich folgendes Bild:

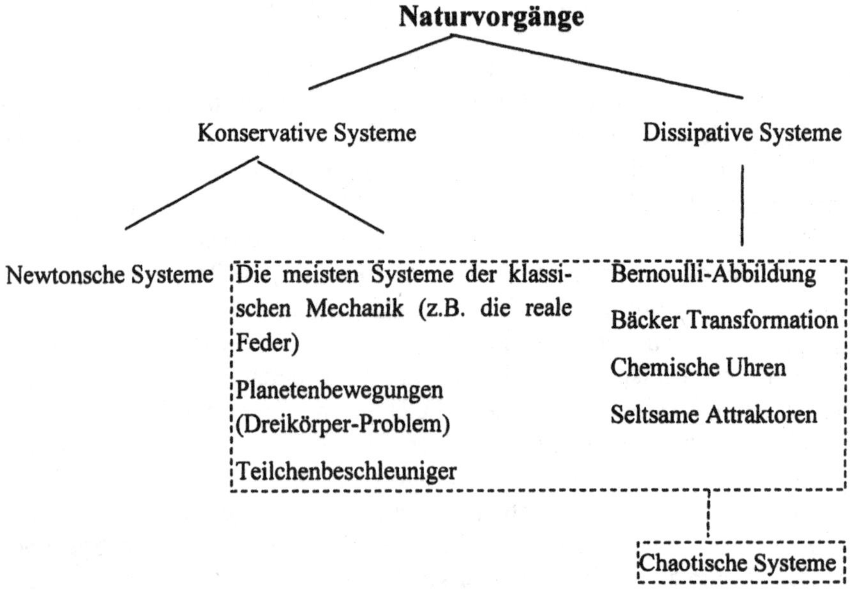


[139] Vgl. H.-O. Peitgen/ H. Jürgens/ D. Saupe, *Chaos*, 1994, S. 9.
[140] Vgl. M. Eigen, *Stufen zum Leben,* München, 1987, S. 8.

## 4.1. Konservative chaotische Systeme

### 4.1.1. Das Dreikörperproblem

Nachdem Newton seine Bewegungsgleichungen gefunden hatte, glaubte man lange Zeit, die Bestimmung der Bewegung jedes Apfels oder Planeten sei nur noch eine Frage der Berechnung. Um zu bestimmen, wie der Mond die Erde umkreist, müsste man nur in Newtons Differentialgleichungen, die aus Keplers Regeln[141] und Newtons Gesetzen abgeleitet werden, richtige Zahlen einsetzen - für Position und Geschwindigkeit von Mond und Erde zu einem bestimmten Zeitpunkt und die Antwort ergäbe sich dann nach einigen Rechenschritten von selbst. Die Grundidee der Welt Newtons ist, dass jede mechanische Beschreibung so integrierbar sei, dass sich immer exakte Lösungen mittels der Integrale der Bewegung finden lassen. Niemand kam auf den Gedanken, dass es unmöglich sein könnte, die Gleichung exakt zu lösen.

Wenn es nur um zwei Körper geht, können wir ohne Schwierigkeiten die Bahnen berechnen. Nehmen wir zwei sich anziehende Massen $m_1$ und $m_2$, wobei $M = m_1 + m_2$ die Gesamtmasse ist. Dann kann durch die Gesamtmasse und das Gravitationsgesetz die Geschwindigkeit jedes Planeten berechnet werden.[142] Daher können wir die genauen Bahnen zweier Körper berechnen. Die Gleichung der zwei Körper-Bewegung ist leicht integrierbar, weil bei der Bewegung von zwei Körpern unter gegenseitiger Anziehung das gleiche Prinzip zur Anwendung kommt wie bei der Bewegung einer einzelnen Masse in einem festen Schwerefeld. Das bedeutet, dass das System mit zwei Körpern integrierbar ist.

Betrachten wir die Integrierbarkeit genauer. In der Newtonschen Mechanik wird der Zustand eines Systems durch die Ortskoordinaten $q_1,.....q_s$ und durch die entsprechenden Geschwindigkeiten $v_1,.....v_s$, die die Ableitungen der Koordinaten nach der Zeit sind, ausgedrückt. Die moderne Physik verwendet statt der Geschwindigkeit den Impuls, weil das einfacher zur Beschreibung eines Systems ist. Diese Methode liegt der ‚Hamilton-Funktion' zugrunde. Die zentrale Größe in der Hamiltonschen Dynamik ist die

---

[141] Keplers Regeln wurden 1608 und 1619 entdeckt:

1) Die Bahn eines Planeten ist eine Ellipse, in einem ihrer Brennpunkte befindet sich die Sonne.

2) Die Verbindungslinie zwischen Sonne und einem Planeten überstreicht gleiche Flächen in gleicher Zeit.

3) Die Umlaufdauer auf den verschiedenen Bahnen ist proportional zu $\bar{r}^{3/2}$, wobei $r$ den mittleren Abstand zur Sonne bezeichnet.

[142] $v_1 = \frac{m_2}{M}(\frac{GM}{d})^{1/2}, v_2 = \frac{m_1}{M}(\frac{GM}{d})^{1/2}$, wobei G die Gravitationskonstante ist.

Hamilton-Funktion H. Die Variablen sind die Massepunkte gegeben durch die (Orts-) Koordinaten $q_1.....q_s$ und die Impulse $p_1.....p_s$ [143], die sich aus Masse mal Geschwindigkeit ergeben. Die Hamilton-Funktion eines Systems lautet, $H = E_{kin}(p_1.....p_s) + V_{pot}(q_1.....q_s)$, wobei der erste Teil nur von Impulsen abhängt, d.h. die kinetische Energie darstellt. Der zweite Teil hängt dagegen von den Koordinaten ab, d.h. der potentiellen Energie. Die Hamilton-Funktion drückt die Energie des Systems durch die kanonischen Variablen p und q aus.

Um diese Hamilton-Funktion zu integrieren, müssen wir die potentielle Energie wegtransformieren. Das bedeutet, dass die Hamilton-Funktion nur von den Impulsen abhängen darf. Diese Transformation nennt man die ‚kanonische Transformation'. Die kanonische Transformation bedeutet die Eliminierung der potentiellen Energie: Solange ein System eine potentielle Energie hat, können wir nicht die Energie des Systems allein den Körpern zuschreiben, da ein Teil der Energie sich ‚zwischen' den Körpern befindet. Durch die kanonische Transformation können wir uns mit wohldefinierten Körpern oder Teilchen beschäftigen. Betrachten wir die folgende Abbildung.[144]

(a) System von Teilchen mit potentieller Energie (Linien zwischen den Punkten)

(b) System von freien Objekten

Eliminierung der potentiellen Energie für integrale Systeme: Durch die kanonische Transformation können wir das ursprüngliche System (a) als das System (b) umformulieren.

Für die Transformation nehmen wir statt p und q die neuen Variablen $\alpha$ und J.[145] $\alpha$ nennt man die Winkelvariable, J die Wirkungsvariable. Durch die kanonische Transformation wird aus der Hamilton-Funktion die einfache Formel $H = \omega J$, wobei $\omega$ die Kreisfrequenz ($\frac{d\alpha}{dt} = \frac{\partial H}{\partial J} = \omega$) ist. Durch die

[143] Die Variablen, p und q nennt man ‚kanonische Variablen'.

[144] I. Prigogine, *Das Paradox der Zeit*, 1993, S. 49

[145] Die neue Variablen $\alpha$ und J sind mit q und p durch die folgende Beziehungen $q = (\frac{2J}{m\omega})^{\frac{1}{2}} \sin\alpha$ und $P = (2m\omega J)^{\frac{1}{2}} \cos\alpha$ verknüpft.

kanonische Transformation kann jede freie Bewegung eines starren Körpers auf die Überlagerung einer Translation und einer Rotation um den Schwerpunkt zurückgeführt werden; d.h. die Bewegung eines freien Körpers wird durch die Kreisbewegung ausgedrückt. Die Bewegung wird ‚zyklisch'. In dieser zyklischen Darstellung ist die Hamiltonfunktion nur von Wirkungsvariablen abhängig: Die Bewegung wird durch die wechselwirkungsfreien Variablen abtrennbar. Wenn wir daher die Konstante der Bewegung (Wirkungsvariable) und die zugehörigen Winkel (Winkelvariable) eines Systems kennen, können wir die Bewegung dieses Systems integrieren. Die transformierte Bewegung bei einem System mit einem Körper bzw. einem Freiheitsgrad, ist wie folgt,

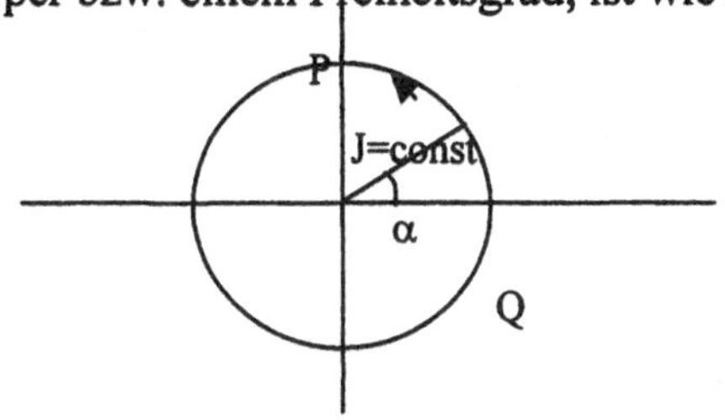


Abbildung 4.3: Phasenraumtrajektorie eines konservativen Systems mit einem Freiheitsgrad, wobei P der Impuls, Q der Ort ist. Die Bewegung wird für jeden Wert J gleichförmig und findet auf dem Umfang eines Kreises statt.

Bei mehr als einem Körper benützen wir einen Torus, auf dem sich die Kreisfrequenz jedes Körpers bewegt.

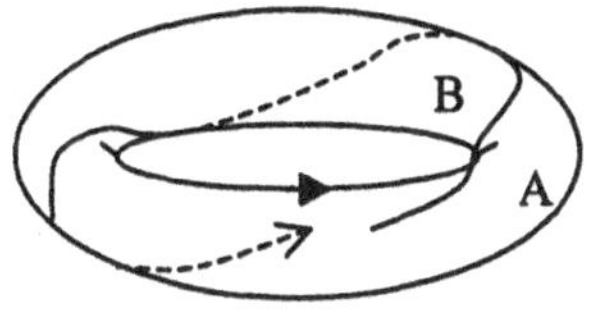


Abbildung 4.4. Wenn sich ein Körper A im Raum auf einer Ellipsenbahn bewegt und ein anderer Körper B um die erste Frequenz kreist, können wir die zwei Bahnen (Frequenz) der zwei Körper auf einem Torus abbilden.

Wenn zwei Körper A und B zwei verschiedenen Frequenzen entsprechen und eine entlang einer anderen herumführt, lässt sich das folgendermaßen abbilden:

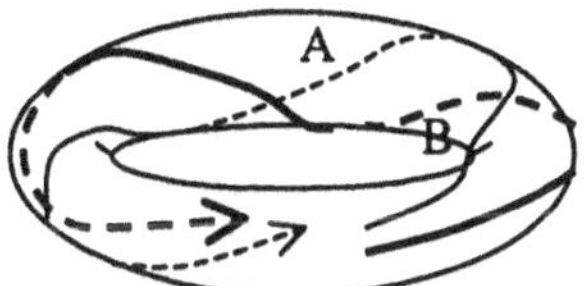


Abbildung 4.5: Es ist der Zyklus A von Zyklus B mit im Kreis herumgeschleppt.

In diesem Fall ergeben sich zwei Möglichkeiten gemäß der Überlagerung der zwei Frequenzen.

Wenn das Verhältnis zwischen zwei Frequenzen rational ist, ist die Überlagerungsfrequenz ( Grundfrequenz) zwischen beiden wie folgt:

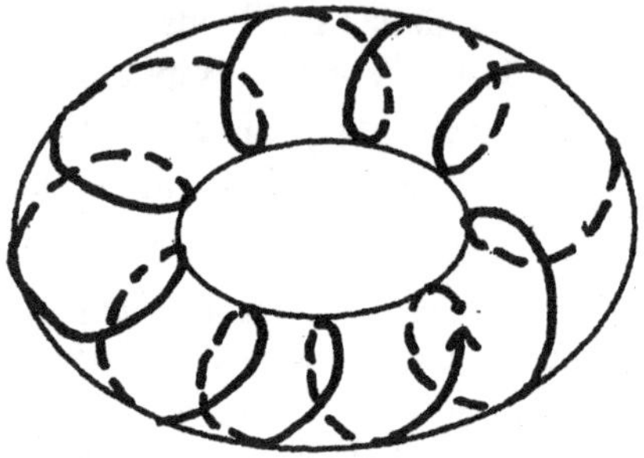

Abbildung 4.6: Ist das Verhältnis der Frequenzen zwischen zwei Körpern rational, geht die Überlagerungsfrequenz nach endlich vielen Umrundungen wieder in sich über.

Wird in diesem Fall eine Störung (eine Wechselwirkungskraft) hinzugefügt, wird die Überlagerungsfrequenz im Laufe der Zeit immer größer und irgendwann entsteht ‚Resonanz'.[146] In diesen Fällen geht die Überlagerungsfrequenz nach einer Umrundung in sich über, dann zerplatzt der Torus. Wenn das Verhältnis zwischen zwei Frequenzen irrational ist, ist die Überlagerungsfrequenz zwischen beiden wie folgt:

[146] Stellen wir uns auf eine Schaukel. Führt man der Schaukel bei jedem Anstoß mehr Energie zu als ihr durch Reibung seit dem letzten Stoß verlorengegangen ist, wächst die Schwingungsenergie an. Wenn die Schwingungsenergie der Schwingung der Schaukel entspricht, kann dieses Aufschaukeln von Schwingungen trotz der geringen Energie eine schlimme Folge haben. Der schwingende Körper hält der wachsenden Belastung nicht mehr stand und bricht auseinander. Diese Übereinstimmung zwischen anregender Kraft und Schwingung bezeichnet der Physiker als ‚Resonanz'. Erfolgen die Stöße mit der Eigenfrequenz der Schaukelschwingungen, kann die Amplitude (Schwingungsweite) sehr groß werden. Nehmen wir ein anderes Beispiel an, eine Truppe, die auf einer Brücke im Gleichschritt marschiert. Normalerweise hält die Brückenkonstruktion schweren Lastwagen stand. Entsprechen die Stöße aber der Frequenz der Brücke, schaukeln sich die Schwingungen zu beträchtlicher Stärke auf. In diesem Fall kann das Aufstampfen eines einzelnen Fußes die Brücke zerbrechen. Kleinste Kräfte erzeugen, wenn sie im richtigen Takt auftreten, eine ungeheuer große Kraft. Das wird als ‚Resonanz' bezeichnet. Die Resonanz bringt ein unvorhersagbares Resultat. Entsteht in einem System Resonanz, kann das System außer Kontrolle geraten.

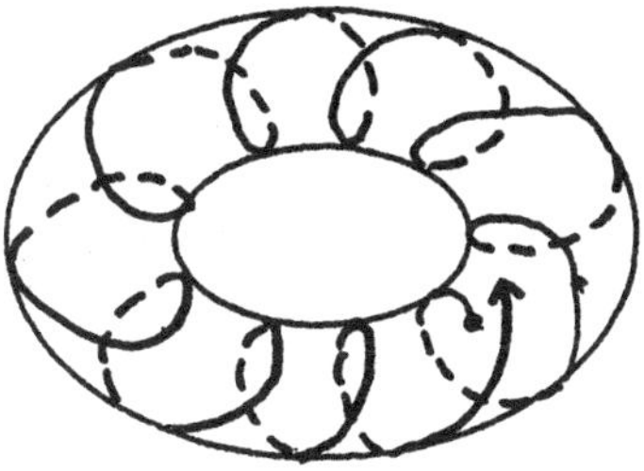

Abbildung 4.7:
Bei irrationalem Verhältnis der beiden Frequenzen, wandert die Kurve ewig um den Torus herum.

Derartige Systeme bezeichnet man als ‚quasiperiodisch'. Bei dem quasiperiodischen Verhältnis überlagern sich unendlich viele Schwingungen: Die Frequenzen sind nicht mehr Vielfache einer Grundfrequenz, sondern es sind mehrere Grundfrequenzen vertreten. Daher sind die quasiperiodischen Bahnen stabil, weil sie ewig innerhalb bestimmter Grenzen bleiben.
Dieses Phänomen entspricht genau unserem Sonnensystem. Was passiert, wenn zwei Umlaufzeiten zweier Planeten zueinander rational sind? Möglicherweise wird in einem solchen Fall einer der Planeten irgendwann ins Weltall hinausgeschleudert.
Als Beispiel nehmen wir ein System an, das aus Jupiter, Saturn und Sonne besteht. Die Bewegungen des Systems sind ziemlich kompliziert. Für die Berechnung dieser Bewegungen werden acht Koordinaten (zwei Orts- und zwei Impulskoordinaten je Planet) benötigt: Der Zustand der Bewegungen wird durch einen Punkt in einem achtdimensionalen Raum beschrieben. Ein solcher Raum übersteigt unsere Vorstellungskraft. Deswegen benutzen wir stattdessen zwei Koordinaten; die Winkel zwischen der Position jedes Planten und einer willkürlich gewählten Nullrichtung. Beide Koordinaten nehmen Werte zwischen Null und 360 Grad an. Da 360 Grad dasselbe wie Null Grad ist, verbinden wir die gegenüberliegenden Seiten der Koordinaten. Das ergibt einen Torus: Wir formen die Bewegungen der beiden Planeten in die Bewegungen auf dem Torus um.
Betrachten wir zunächst das ungestörte System, in dem beide Planeten keine Kräfte aufeinander ausüben. Wenn fünf Jupiterjahre zwei Saturnjahren entsprechen, windet sich die zugehörige Bahn zweimal in Längs- und fünfmal in Querrichtung um den Torus und schließt sich dann: Sie ist periodisch.

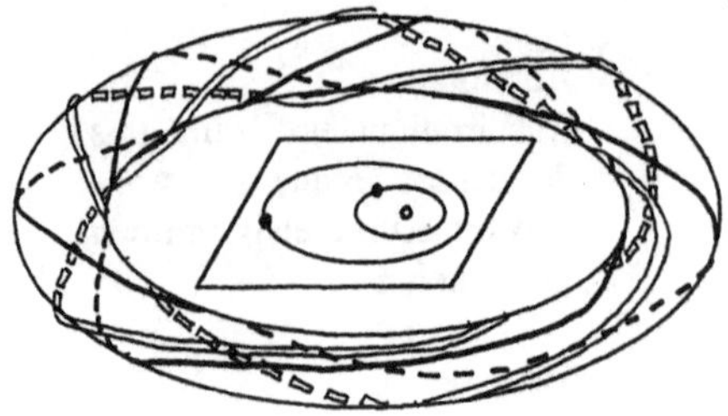

Abbildung 4.8: Die Umlaufzeit der beiden Planeten Jupiter und Saturn um die Sonne steht im Verhältnis 2 zu 5. Dadurch entstehen die weiße Kurve und die schwarze Kurve auf dem Torus.

Was passiert, wenn wir nun die wechselwirkenden Kräfte (die Störung) zwischen beiden Planeten berücksichtigen? Diese Frage wird das ‚Drei-köper-Problem' genannt. Viele Wissenschaftler haben sich mit diesem Problem beschäftigt. Unter ihnen war Poincaré [147], der dieses Problem zum ersten Mal erfolgreich behandelt hat.
Nach ihm wird die Stabilität des Systems aufgrund der Störung aufgehoben. Es entstehen Konfigurationen, in denen sich der Planet in möglichst weitem Abstand von der Störung hält, und andere, in denen er ihr nahe kommt. Die Extremfälle der ersten erweisen sich als stabile, die Extremfälle der letzteren als instabile Resonanzen. Zwischen den beiden Extremen gibt es Bahnen die auf äußerst verwickelte Weise sehr unterschiedlichen Charakters sind. In der Nähe der stabilen Resonanz liegen Bahnen, auf denen der Planet um die stabile Richtung herum oszilliert. Die instabile Resonanz dagegen ist ein Zentrum chaotischer Bewegung: Bahnen, die in ihrer Nähe beginnen, sind langfristig unvorhersehbar. Wenn der Planet auf diesen Bahnen liegt, verlässt der Planet irgendwann das System. Poincaré fand, dass diese Aufspaltung in stabile und instabile Bewegungstypen schon bei beliebig schwacher Störung für alle Bahnen stattfindet, die mit der Bahn des störenden Planeten in einem rationalen Frequenzverhältnis stehen. Das war die Behauptung von Poincaré. Wieso bleibt unser Sonnensystem trotz dieser Instabilität stabil? Wenn Poincaré recht hätte, wäre dies nicht möglich.[148]

---

[147] Jules Henri Poincaré (1854-1912): Französischer Mathematiker, Physiker und Philosoph.

[148] Anfang des 19. Jahrhunderts zeigte der französische Mathematiker Jean Baptiste Joseph Fourier (1769-1830), dass sich jede periodische Funktion als unendliche Summe von Sinus- und Cosinuskurven darstellen lässt. Wenn man daher eine periodische (oder quasiperiodische) Lösung für ein Problem sucht, ist es naheliegend, die unbekannte

Darauf haben drei Mathematiker, Andrej Kolmogorow, Valadmir J. Arnold und Jürgen Moser, gegen 1962 unabhängig voneinander geantwortet. Nach ihnen helfen hinreichend irrationale Frequenzverhältnisse, das Aufbrechen unseres Sonnensystems zu vermeiden: Der Planet begegnet der Störung nämlich in so wechselvoller Weise, dass eine Unterscheidung nach langfristig instabilen und stabilen Fällen nicht möglich ist. Dies macht die Bewegung des Planeten überhaupt resistent gegen die Störung: Sie kann ruhig eine gewisse Stärke annehmen, ohne dass der Planet seine Bewegung wesentlich ändert.

Das bedeutet, dass in unserem Beispiel von Jupiter und Saturn die meisten Bahnen im Fall einer Störung stabil bleiben. Bei der Störung wird das Frequenzverhältnis zwischen beiden irrational: Die Störung verursacht die Zerstörung des rationalen Frequenzverhältnisses zwischen beiden. Das irrationale Frequenzverhältnis wiederum unterstützt die Stabilität des Systems, weil die irrationalen Bahnen trotz der Störung innerhalb einer Grenze bleiben. Die KAM-Theorie zeigt, dass in bestimmten Fällen eine Zone der Stabilität um eine solche Bahn existiert. Die folgende Abbildung 4.9. zeigt eine solche Zone. Die Instabilität bleibt im kleinen Torus. Die Bahnen schließen sich nicht, bleiben aber auf dem kleinen Torus.

---

Funktion als Fourier-Reihe darzustellen: Eine Fourier-Reihe ist eine Summe von Sinus- und Cosinusfunktion, deren jede mit einem Koeffizienten multipliziert ist.
Beispielsweise schreibt die Rechtecksfunktion, jene, die abwechselnd und für gleiche Zeiträume die Werte +1 und −1 annimmt, sich als Fourier-Reihe $f(x) = \sin x + 1/3 \sin 3x + 1/5 \sin 5x + ....$, wobei 1, 1/3, 1/5,.. Koeffizienten sind. Aber die Forurier-Reihe muss konvergieren, um ein Problem zu lösen. Dafür müssen die Koeffizienten sehr schnell gegen Null streben. Das bedeutet, dass die Überlagerung aller Sinus- und Cosinuskurven einem Grenzwert zustrebt. Bei den quasiperiodischen Bahnen konvergiert die Reihe. Daher bewegen sich die Bahnen stabil. Im Vergleich dazu ist die Situation in rationalen Bahnen bei Störung anders. Wenn wir diese Bahnen durch die Fourier-Reihe ausdrücken, werden Koeffizienten nicht schnell kleiner. Daher divergiert die Reihe: Das System gerät außer Kontrolle. Das ist eine typische chaotische Bewegung in der Himmelsmechanik.

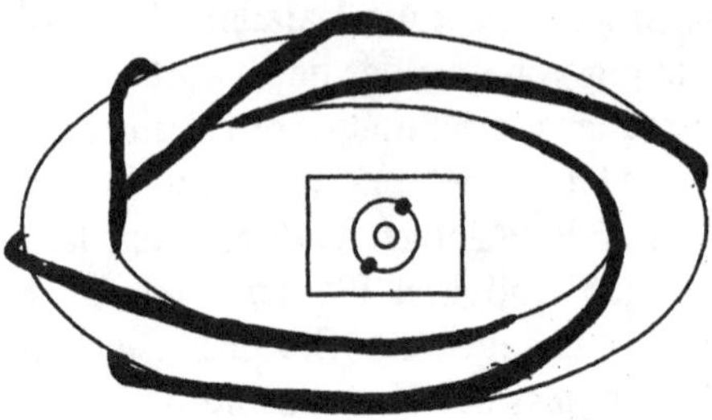

Abbildung 4.9: Bei der Störung des Systems von Jupiter und Saturn bleiben die Bahnen innerhalb kleines Torus. Daher ist das System stabil.

In diesem Fall sind die Bahnen nicht mehr genau periodisch, sondern quasiperiodisch. Die Bewegung lässt sich nach wie vor als Überlagerung unendlich vieler Schwingungen auffassen. Aber die Frequenzen sind nicht mehr, wie im periodischen Falle, Vielfaches einer Grundfrequenz, sondern es sind mehrere Grundfrequenzen vertreten. Quasiperiodische Bahnen sind daher gleichwohl stabil in dem Sinne, dass sie auf ewig innerhalb bestimmter Grenzen bleiben.

Betrachten wir das anhand des ‚Poincaré-Schnittes' genauer. Der Poincaré-Schnitt ist ein zwei-dimensionaler Zustandsraum, der von Bahnen transversal geschnitten wird. Da die drei-dimensionale Bewegung des himmlischen Zustands ziemlich kompliziert ist, kann man diese Bewegung mit Hilfe des Poincaré-Schnittes auf eine zwei-dimensionale Bewegung reduzieren.

Wir nehmen eine Ebene S, die die Phasenraumtrajektorien transversal schneidet (siehe Abbildung 4.10) und untersuchen die Aufeinanderfolge der Trajektorienschnittpunkte $P_n$. Aus dem Objekt, das $P_n$ langfristig auf sich zieht, können wir auf den in den dreidimensionalen Phasenraum eingebetteten Attraktor oder auf die Trajektorien schließen. Die Ebene S nennt man ‚Poincaré-Schnitt' und die Dynamik der $P_n$ ‚Poincaré-Abbildung'.

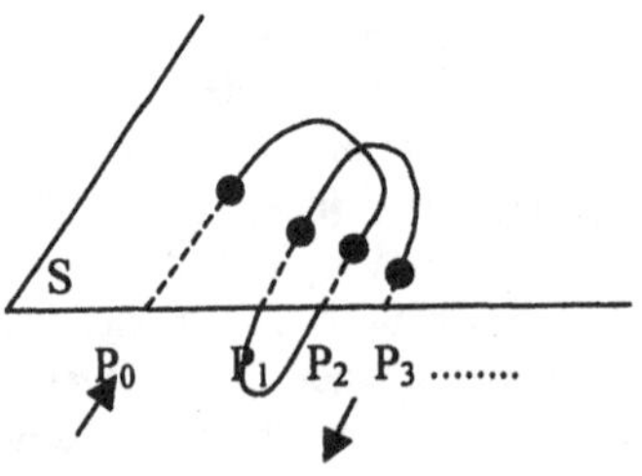


Abbildung 4.10:Veranschaulichung des Poincaré Schnitts. Die Schnittpunkte bilden die Bahnen eines sich mit der Zeit kontinuierlich entwickelnden Systems S mit einer transversal zu den Trajektorien verlaufenden Fläche S. Die diskrete Zeitdynamik, die durch die Positionen der aufeinanderfolgenden Schnittpunkte $P_0$, $P_1$, .auf S definiert wird, liefert ausführliche Informationen über den zugrundeliegenden kontinuierlichen Phasenraumfluß gegen einen stabilen Fixpunkt P.

Durch den Poincaré-Schnitt kann die drei-dimensionale Dynamik auf zwei Dimensionen reduziert werden. Nehmen wir ein paar Beispiele von Poincaré-Abbildungen:

1) Die periodische Bewegung: Ein Punkt

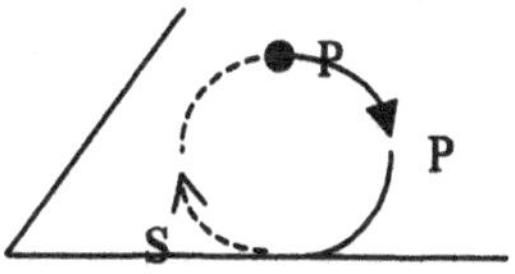


Abbildung 4.11: Bei einer periodischen Bewegung ist der Poincaré-Schnitt ein Punkt.

2) Grenzzyklusattraktoren : ein Fixpunkt

Bei diesem Fall konvergieren die Schnittpunkte $P_0$, $P_1$,... gegen einen Fixpunkt P.

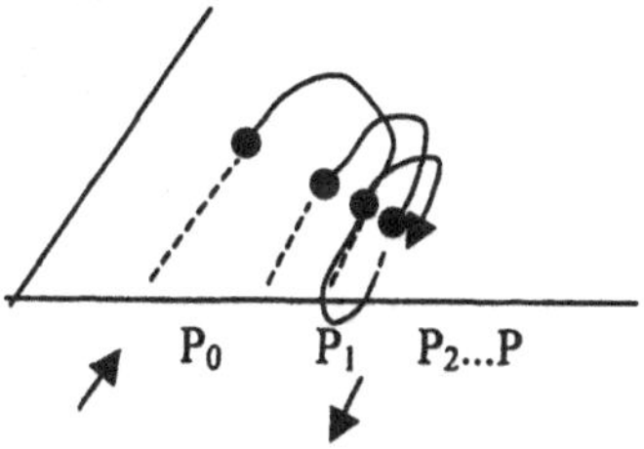


Abbildung 4.12: Auf dem Poincaré-Schnitt äußert sich ein Grenzzyklus in der Konvergenz der Sequenz $P_0$, $P_1$,.... gegen einen stabilen Fixpunkt P.

3) Quasiperiodische Attraktoren : eine Kurve

Eine weitere topologische Möglichkeit der Poincaré-Abbildung ist in der Darstellung angedeutet. Die Schnittpunkte $P_0$, $P_1$ ...,.konvergieren im Poincaré-Schnitt S gegen eine geschlossenen Kurve.

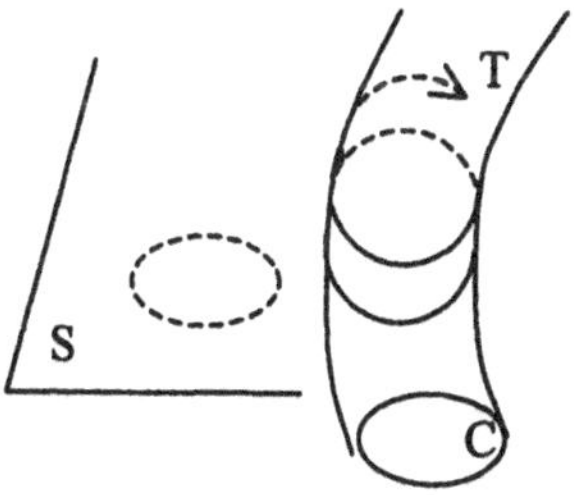


Abbildung 4.13: Ein Quasiperiodischer Attraktor in Form eines dreidimensionalen Raums in einer eingebetteten zweidimensionalen Torusfläche T. Auf dem Poincaré-Schnitt S konvergieren die repräsentativen Punkte gegen eine Kurve C, der Schnittkurve des Torus mit S.

4) Die zufällige Bewegung : die Menge der unregelmäßigen Punkte

Abbildung 4.14: Bei voll entwickeltem Chaos entsteht eine Wolke von durch eine Trajektorie generierten Punkten.

Durch den Poincaré-Schnitt kann man die zweidimensionalen Bewegungen betrachten, bei denen ein Planet die Ebene der Planetenbahnen durchstößt. Bei der Bewegung ohne Störung ergeben sich nur endlich viele Punkte auf dem Poincaré-Schnitt, die periodisch durchlaufen werden, während bei der Bewegung mit Störung verschiedene Arten von Punktfolge entstehen: Bei der schwachen Störung entsteht eine linienförmige Punktfolge und bei einer starken Störung eine unregelmäßige Punktfolge.
Die Inselketten, die einer Poincaré-Abbildung unter periodischen Bewegungen entsprechen, sind Zentren der Stabilität: Im Zentrum der Insel liegen die stabilen resonanten Bahnen. Die Bahn, die einem Anfangspunkt nahe einem Inselzentrum entspricht, produziert eine Punktfolge, die periodisch auf eine elliptische Figur um das Zentrum zurückkehrt; man spricht darum von ‚elliptischer Stabilität'. Im Vergleich zum stabilen elliptischen Verhalten führt ein Anfangspunkt zwischen den Inseln zu einer Punktfolge, die langfristig gleichmäßig über eine Linie verteilt ist, die die Inseln umschlingt; man spricht von einem ‚Chaosband', weil hier die Bewegung empfindlich abhängig von kleinen Änderungen in den Anfangsbedingungen ist. Elliptisches und chaotisches Verhalten liegen also auf charakteristische Weise nebeneinander. Bei kleinen Störungen gibt es viele schmale Inselketten und dazwischenliegende Linien.
Wächst der Einfluss der Störung, so überleben bald nur die stabilsten Bahnen. Die ‚nicht ganz stabilen' Bahnen zerfallen und lassen benachbarte Chaosbänder verschmelzen. Irgendwann zerfällt die letzte Barriere zwischen den Bändern, und das Chaos breitet sich global aus.[149]
Bei einer starken Störung sehen die Trajektorien folgendermaßen aus,

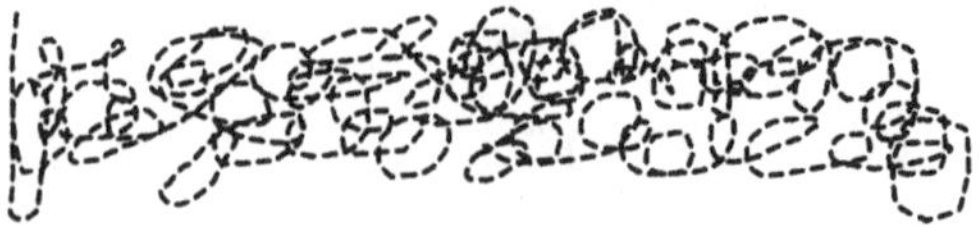

[149] Vgl. P. H. Richter/ H. J. Scholz, *Der Goldene Schnitt in der Natur*, 1987, S. 204.

Bei einer kleineren Störung,

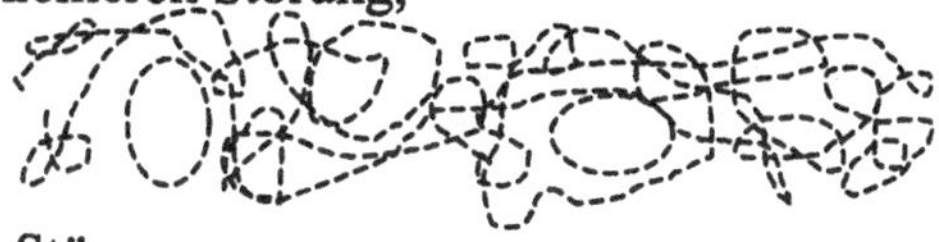

Bei keiner Störung,

Inselkette

Trotz dieser monotonen Antwort gibt es immer ausgedehnte Gebiete im Poincaré-Schnitt, in denen Ungewissheit herrscht. Niemand kann voraussagen, welche Punkte in diesen Zonen zu Inseln und welche zum Reich des Chaos gehören: Wenn ein Planet einer bestimmten Anfangsposition entspricht, entwickelt sich seine Bahn ganz anders als in einer anderen Anfangsposition. Die KAM-Theorie untersucht den Einfluss von Resonanzen auf Bahnen. Wenn die Bahnen verschieden sind, ist der Einfluss von Resonanz verschieden, weil Frequenzen an verschiedenen Punkten im Phasenraum wegen der Empfindlichkeit der Anfangsbedingungen unterschiedliche Werte annehmen: Ein Punkt kann durch Resonanz charakterisiert werden, andere nicht. Die Stabilität ist nicht eintönig. In ihr entsteht eine Wechselwirkung zwischen Zufälligkeit und Ordnung: Das Einfache schließt das Komplexe ein, die Komplexität umfasst wiederum das Einfache. Gesetzmäßigkeiten und Chaos können sich auf immer kleineren Skalen abwechseln. Daher ist das Sonnensystem keine einfache mechanische Uhr nach den Newtonschen Gesetzen, sondern ein sich ständig wandelndes, unendlich komplexes System, das zu ganz unerwartetem Verhalten fähig ist. Durch Poincaré und die KAM-Theorie können wir wissen, dass Chaos und Ordnung nahe beieinander liegen und dass Chaos kein blindes Herumzappeln, sondern eine subtile Form von Ordnung ist.[150]
Unsere Welt ist nach der KAM-Theorie also eine Mischung aus Regularität und Irregularität.[151] Trotzdem fungiert die Sonne nach der KAM-Theorie

[150] Für diese merkwürdige Ordnung können wir z.B. einen chaotischen Asteroiden annehmen, der auf der Suche nach seinem Zuhause auf ewig in der Struktur eines Attraktors herumirrt.

[151] Vgl. B. Kanitscheider, *Von der mechanistischen Welt zum kreativen Universum*, 1993, S. 173.

als übermächtige Zentralmasse in unserem Planetensystem. Daher kann die Bewegung jedes Planeten im Gravitationsfeld des Zentralkörpers als integrales Kepler-Problem betrachtet werden, wobei den anderen Planeten nur kleine, nichtintegrale Störungen entsprechen. Bei unserem Sonnensystem ist die Stabilität stärker als die Instabilität.

## 4.2. Dissipative chaotische Systeme

### 4.2.1 Bernoulli-Abbildung

Wenn wir ein System wissenschaftlich untersuchen möchten, bestimmen wir normalerweise zuerst den Zustand dieses Systems und fragen anschließend nach dem Zustand im Hinblick auf die Funktion.[152] Auf diese Weise können wir die zeitliche Zustandsentwicklung beschreiben. Bei einem chaotischen System kann die Zustandsentwicklung auch nach den gleichen Methoden berechnet werden. Aber die Verbindung zwischen dem Anfangszustand und dem aktuellen Zustand wird wegen der sensitiven Abhängigkeit von den Anfangsbedingungen sehr schnell zerfallen. Die Zustände, die mit sehr geringen Unterschieden in den Anfangsbedingungen beginnen, entwickeln sich im Laufe der Zeit sehr verschieden.

Um diese Eigenschaft genauer zu betrachten, nehmen wir als Beispiele die Bernoulli-Verschiebung und die Bäcker-Transformation. Betrachten wir zuerst die Bernoulli-Abbildung. Es handelt sich um eine ganz einfache Iteration. Wir nehmen eine beliebige Zahl zwischen 0 und 1 und multiplizieren sie in regelmäßigen Abständen, zum Beispiel in jeder Sekunde mit 2; was über 1 hinausgeht, wird dann abgezogen.[153] Wir erhalten auf diese Weise $X_{n+1} = 2X_n$ (modulo 1). Das ist hier die Bewegungsgleichung. Eine entsprechende Zahlenfolge ist leicht vorstellbar (z.B. 0.13, 0.26, 0.52, 0.04, 0.08...). Die Bewegungsgleichung ist determiniert: Sobald wir $X_n$ kennen, ist $X_{n+1}$ eindeutig bestimmt. Die sukzessiven Zahlen wachsen, bis sie 1 überschreiten, dann werden sie wieder in das Intervall zwischen 0 und 1 zurückgeführt.

---

[152] Vgl. K. Kaneko/ I. Isuda, *Complex Systems, Chaos and Beyond*, 2001, S. 33.

[153] Diese Regel nennt man ‚modulo 1'.

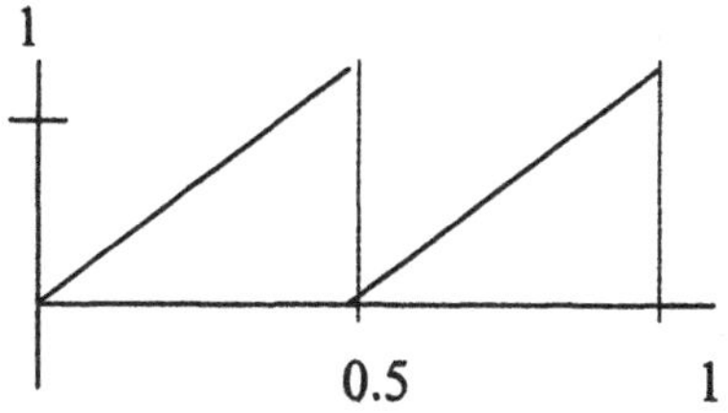


Abbildung 4.15.

Um zu verstehen was hier geschieht, ist es hilfreich, die Zahl x binär darzustellen, also zu schreiben: $x = 0.\ u_1, u_2, u_3, \ldots$( oder $x = \frac{u_1}{2} + \frac{u_2}{4} + \frac{u_3}{8} \ldots\ldots$), wobei $u_1, u_2, \ldots$Zahlen gleich 0 oder 1 sind. Bei der Iteration werden alle Zahlen ($u_n$) nach links n+1 verschoben: $f(u_1, u_2, u_3, \ldots) = (u_2, u_3, \ldots)$. Wenn unsere Zahl am Anfang $x = 0.\ u_1, u_2, u_3, u_4 \ldots$ ist, wird nach einer Iteration die Zahl $x = 0.\ u_2, u_3, u_4, \ldots$ und nach zweiter Iteration die Zahl $x = 0.\ u_3, u_4, \ldots$ etc. Betrachten wir zwei Zahlen, die sich nur geringfügig unterscheiden, beispielsweise ausgehend von $\frac{u_{40}}{2^{40}}$. Dann werden sie sich nach 40 Verschiebungen um $\frac{1}{2}$ unterscheiden. Und der Unterschied wird im Lauf der Zeit immer größer. Die Trajektorien der beiden Zahlen sind nicht mehr berechenbar: Das Verhalten dieses Systems wird chaotisch. Dieses chaotische Verhalten kann man auch so formulieren: Der Abstand zwischen den Trajektorien zweier benachbarter Zahlen wächst exponentiell zwischen 0 und 1. Das bedeutet, dass ein beliebig kleiner Abstand von Anfangswerten nach Iteration sich deutlich vergrößert.[154] Systeme mit einer solchen exponentiellen Divergenz sind definitionsgemäß chaotische Systeme. Und die exponentielle Divergenz beruht auf der Nichtlinearität des Systems. Selbst wenn sie gewisse allgemeine Eigenschaften gemeinsam haben, tendieren nichtlineare Lösungen dazu, sich eigenbrötlerisch und absonderlich zu benehmen.[155] Der Abstand zwischen zwei Trajektorien ist $2^n = \exp(n \log 2)$[156], wobei n eine natürliche Zahl ist. Und bei der kontinuierlichen Zeit t ist der Abstand $\exp(t\lambda)$, wobei $\lambda = \log 2$.[157] In diesem Sinne besitzen die chaotischen Systeme eine interne Zeitskala, definiert durch die Ljapunow-Zeit $\frac{1}{\lambda}$: Wenn $\lambda$ größer wird, wird die Zeit, bei der sich ein System chaotisch bewegt, kürzer.

---

[154] H.-O. Peitgen/H. Jürgen/D. Saupe, *Chaos,* 1994, S. 40.
[155] J. Briggs/F. D. Peat, *Die Entdeckung des Chaos*, 2001, S. 29f.
[156] $\exp(\log(x)) = x$ ; $\log(2^n) = n (\log 2)$ Daher $2^n = \exp(n \log 2)$.
[157] I. Prigogine, *The End of Certainty*, 1997, S. 84.

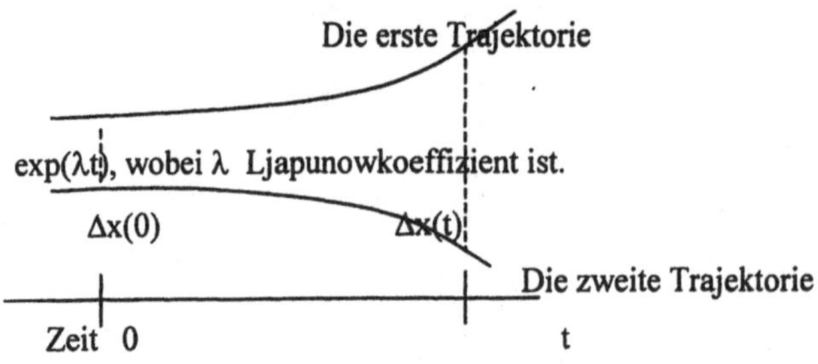


Abbildung 4.16: Illustration eines möglichen Verhaltens benachbarter Trajektorien, wobei ΔX ein Maß für deren Abstand ist[158].

Die chaotischen Systeme entwickeln sich nach der Ljapunow-Zeit und haben die „Erinnerung an den Anfangszustand" verloren. Die Bernoulli-Abbildung zeigt uns eine typische Eigenschaft des Chaos, die Empfindlichkeit gegenüber den Anfangsbedingungen.[159] Der geringste Irrtum hinsichtlich der Anfangsbedingung verursacht ein völlig verschiedenes Verhalten des Systems. Die Trajektorie, durch die die Zustandsentwicklung eines Systems bezeichnet werden kann, ist beim chaotischen System nicht so hilfreich wie im Fall der Newtonschen Mechanik. Der Begriff der Trajektorie wird hier zu einer unangemessenen Idealisierung, da die zwei Trajektorien mit der Zeit exponentiell divergieren. Nehmen wir zwei Trajektorien, deren Ausgangspunkte nahezu gleich sind. Obwohl der Unterschied der beiden Ausgangspunkte sehr gering ist, unterscheiden sich die Trajektorien nach einigen Schritten vollkommen.[160]

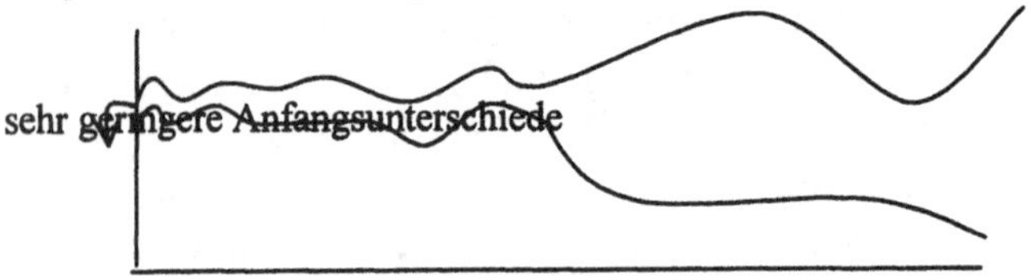


Abbildung 4.17: Obwohl wir mit zwei sehr gering unterschiedlichen Anfangswerten beginnen, entwickeln sich die Systeme im Lauf der Zeit ganz verschieden.

---

[158] R. Mahnke/J. Schmelzer, *Nichtlineare Phänomene und Selbstorganisation*, 1992, S. 9.

[159] Die Eigenschaft des Schmetterlingseffekts ist zentral für die mathematische Charakterisierung von Chaos. Dennoch führt uns der Schmetterlingseffekt nicht automatisch zu Chaos, weil es Systeme gibt, die den Schmetterlingseffekt enthalten, aber sich dennoch nicht chaotisch verhalten. Daher müssen weitere Eigenschaften hinzukommen. Vgl. H.-O. Peitgen/H. Jürgens/D. Saupe, *Chaos,* 1994, S. 41.

[160] I. Prigogine, *Das Paradox der Zeit*, 1993, S.134.

Daher kann die zeitliche Entwicklung eines chaotischen Systems trotz seiner deterministischen Bewegungsgleichung nicht durch Trajektorien beschrieben werden. Sehen wir uns eine endliche Folge $u_1+u_2+u_3,.....+u_{40}$ an. Durch die vierzigste Iteration rückt eine unbekannte Zahl ( 0 oder 1) an die einundvierzigste Stelle ein: Nach 40 Iterationen kann die Zahl X überall im Phasenraum anzutreffen sein. Die Information, die der Anfangszustand enthielt, ist vollkommen verschwunden.[161]

### 4.2.2. Bäcker-Transformation

Bis jetzt haben wir die chaotischen Eigenschaften der Bernoulli-Abbildung untersucht. Bei der Bernoulli-Abbildung ist die Transformation nicht umkehrbar im Hinblick auf die Zeitrichtung, weil die Bernoulli-Abbildung einer zeitirreversiblen Struktur entspricht: Wenn die Zeit t in die negative Richtung läuft, konvergiert die Trajektorie gegen Null. Bei positiver Zeit läuft dagegen die Trajektorie unregelmäßig. Daher ist die Bernoulli-Abbildung nicht umkehrbar.
Da die allgemeinen dynamischen Systeme umkehrbar sind, betrachten wir jetzt chaotische Phänomene in umkehrbaren dynamischen Systemen (z.B die Bäcker-Transformation). Die Hauptidee der Bäcker-Transformation ist, dass man durch eine einfache geometrische Operation ein deterministisches System unvorhersehbar macht.
Die Bäcker-Transformation besteht im wesentlichen in der folgenden geometrischen Transformation. In dem Phasenraum $0 \leq x \leq 1$, $0 \leq y \leq 1$ definieren wir die Abbildung, $x' = 2x$, $y' = \frac{y}{2}$, falls $0 \leq x \leq \frac{1}{2}$ und $x' = 2x-1$, $y' = \frac{y+1}{2}$, falls $\frac{1}{2} \angle x \leq 1$ . Ein Quadrat wird in horizontaler Richtung um den Faktor 2 gestreckt und in vertikaler Richtung um den Faktor ½ gestaucht, und anschließend wird die rechte Hälfte auf die linke gesetzt. Die Operation ist folgende:

[161] Daher kann man die Trajektorien nicht benutzen. Nach Prigogine kann das System aber durch eine Wahrscheinlichkeitsverteilungsfunktion beschrieben werden, da sich die Bernoulli-Verschiebung irgendwann einem Gleichgewicht annähert. Will man unbedingt eine Voraussage treffen, so muss man sich mit einer kurzfristigen begnügen oder, wenn sie langfristig sein soll, auf statistische Methoden ausweichen. Vgl. I. Prigogine, *Das Paradox der Zeit*, 1993, S. 149f, und S.138f. I. Ekeland, *Das Vorhersagbare und das Unvorhersagbare*, 1989, S. 95.

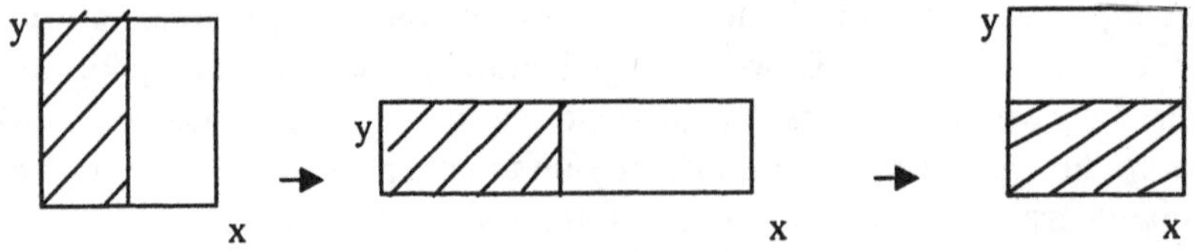


(a) (b) (c)

Abbildung 4.18: Das Einheitsquadrat (a) wird zusammengedrückt zu einem Rechteck von $\frac{1}{2} \times 2$(b). Anschließend wird die rechte Hälfte des Rechtecks auf die linke Seite gesetzt, so dass wieder ein Quadrat entsteht (c).

Durch Wiederholung dieser Operation erhalten wir eine immer weiter gehende Fragmentierung längs der senkrechten Koordinate. Machen wir die Transformation dagegen in die umgekehrte Zeitrichtung (nach rechts), erhalten wir eine immer feinere Fragmentierung längs der x-Abszisse, und die Verteilungsfunktion wird gleichförmig in der senkrechten Koordinate y. Diese Transformation ist umkehrbar.[162]
Obwohl diese Transformation umkehrbar ist, ist diese Transformation instabil ganz ähnlich dem von Bernoulli. Zwei zu Beginn der Transformation eng benachbarte Punkte entfernen sich exponentiell voneinander und werden sich in Zukunft in verschiedenen Regionen befinden.

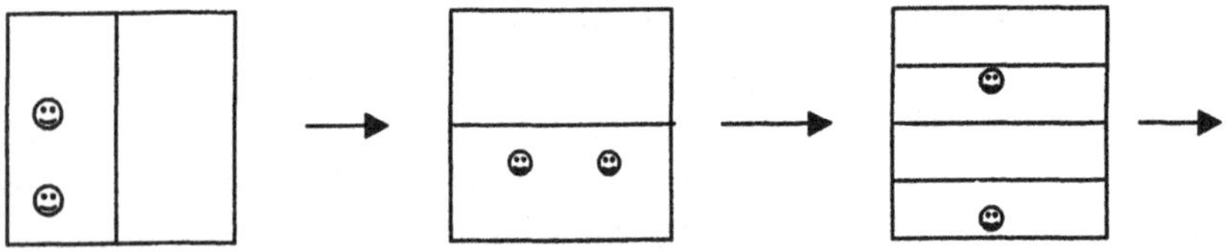

Abbildung 4.19: Die Transformation des Bäckers[163]

So gelangen wir wieder zu dem exponentiellen Faktor zwischen zwei Punkten, die wie bei der Bäcker-Transformation, einen Ljapunow-Ex-

[162] Der Beweis für die Umkehrbarkeit ist Folgender: Wir können bei der Transformationsgleichung der Bäcker-Transformation x und y austauschen. $x = \frac{x'}{2}$, $y = 2y$, $0 \leq y < \frac{1}{2}$ ; $x = (x' + 1)/2$, $y = 2y' - 1$, $\frac{1}{2} \leq y \leq 1$. Wir sehen, dass die Gleichung mit der originären Gleichung übereinstimmt, sofern x und y miteinander vertauscht werden. Vgl. I. Prigogine, *Die Erforschung des Komplexen*, 1987, S. 271 ff.
[163] I. Ekeland, *Das Vorhersagbare und das Unvorhersagbare*, 1989, S. 67.

ponenten gleich log 2 haben. Das beweist den chaotischen Charakter der Dynamik.[164]
Zusammengefasst ist die durch die Bäcker-Transformation beschriebene Dynamik deterministisch. Die Gegenwart determiniert die Zukunft, weil die wiederholte Anwendung nach einem einfachen Gesetz entsteht. Die Kenntnis der Situation zu einem gegebenen Zeitpunkt erlaubt es, jeden beliebigen früheren Zustand zu rekonstruieren. Vergangenheit und Zukunft geschehen völlig in der Gegenwart. Und doch ist der beobachtete Effekt chaotisch. Die Transformation zeigt die zufallsbedingten Merkmale. In diesem Sinne sind präzise Voraussagen unmöglich, obwohl die Dynamik deterministisch ist: Exponentiell wachsende Fehler verursachen die Empfindlichkeit der Anfangsbedingungen.

### 4.2.3. Populationsdynamik

Neben der Empfindlichkeit der Anfangsbedingungen ist die andere typische Eigenschaft chaotischer Systeme die Rückkopplung. Als Wissenschaftler untersuchten, was geschieht, wenn eine einfache mathematische Gleichung mit sich selbst rückgekoppelt wird, haben sie erstaunliche Eigenschaften entdeckt. Nehmen wir als Beispiel einfacher rückgekoppelter Gleichungen die Populationsdynamik (das Wachstum von Populationen). Die Populationsdynamik wird durch ein Gesetz bestimmt, das uns für eine gegebene biologische Spezies erlaubt, deren Populationsentwicklung in Abhängigkeit von der Zeit vorauszusagen. Um das Gesetz der Populationsdynamik zu betrachten, brauchen wir die Ausgangspopulation ($P_0$) und die Wachstumsrate (r). Die Wachstumsrate r ist die Wachstumsgeschwindigkeit einer Populationsgruppe und wird durch die Größe ${}^{P_{n-1}-P_n}\!/_{P_n}$ gemessen: Die Wachstumsrate r zur Zeit n misst die Zunahme der Populationsgröße in einem Zeitschritt. Ist sie konstant, so erhält man die Gleichung,

$$P_{n+1} = P_n + rP_n = (1+r)P_n .$$

In einem solchen Modell wächst die Population in jedem Zeitintervall mit einem Faktor 1+r. Die Gleichung ist äquivalent zu $P_n = (1+r)^n P_0$, wobei $P_0$ die Ausgangspopulation bedeutet. Aber das Modell ist nicht realistisch, weil die Gleichung zum unbegrenzten Wachstum führt. Die reale Population ist durch viele Parameter wie Umgebungsbedingungen (z.B. Nahrungszufuhr, Lebensraum, Klima, Wechselwirkung mit anderen Spezies

---

[164] Wenn wir die Bäcker-Transformation in Binärdarstellung ausdrücken, entspricht die Bäcker-Transformation der gleichen Verschiebung.

usw.) eingeschränkt. Daher hängt die Wachstumsrate von der momentanen Populationsgröße bezogen auf deren Höchstwert ab. Nach Verhulst soll die Wachstumsrate zur Zeit n zu der Differenz zwischen der aktuellen und der maximalen Populationsgröße proportional sein. Diese Annahme führt zum Populationsmodell von Verhulst[165],

$$P_{n+1} = P_n + rP_n(1 - P_n),$$

wobei $P_n$ die Population des letzten Jahres ist. Diese Gleichung wird nach Verhulst das ‚logistische Modell' genannt. Diese Gleichung enthält besondere Eigenschaften, z.B. die Rückkopplung und die quadratische Iteration. Wenn $P_n$ größer wird, so wird $1\text{-}P_n$ kleiner. Für einen sehr kleinen Wert $P_n$ liegt $1\text{-}P_n$ ganz nahe bei 1[166], so dass die Verhulst-Gleichung genauso aussieht wie die ursprüngliche Wachstumsgleichung. Kommt $P_n$ nahe an 1, dann geht das Glied $(1\text{-}P_n)$ gegen 0 und sorgt dafür, dass die rechte Seite der Gleichung verschwindet: Die zwei Glieder arbeiten hier gegeneinander; das eine versucht, die Population zu erweitern, das andere, sie zu unterdrücken. Ohne dieses Glied $(1\text{-}P_n)$ wäre die Verhulst-Gleichung linear. Die Population jedes Jahres wäre proportional der des vorhergehenden Jahres. Durch Hinzufügung des Gliedes $(1\text{-}P_n)$ wird $P_n$ mit sich selbst multipliziert $(P_n - P_nP_n)$. D.h., das Glied erzeugt die Rückkoppelung und die Nichtlinearität. Das Wachstum von Jahr zu Jahr hängt nichtlinear davon ab, was vorher war.[167]

---

[165] Im Jahre 1845 führte P.F. Verhulst, ein belgischer Mathematiker, der sich für die Mathematik des Populationswachstums interessierte, ein neues Glied in die Gleichung ein, um zu beschreiben, wie sich die Population in einem abgeschlossenen Gebiet entwickelt.

[166] Um verschiedene Populationen miteinander zu vergleichen und um ein einheitliches Rechenverfahren zu erhalten, benutzen Mathematiker die Methode der ‚Normierung'. Das ist eine sehr nützliche Art, um Populationen verschiedener Größe miteinander zu vergleichen. Im wesentlichen wird die Populationsgröße durch eine Zahl dargestellt, die zwischen 0 und 1 variieren kann. Wenn Pn=1 ist, bedeutet das die 100 Prozentige Population. Pn = 0.5 bedeutet 50%. Bei der Populationsgleichung haben wir kein Interesse an der tatsächlichen Populationsanzahl von Tier oder Pflanzen, sondern an der Population des letzten Jahres, um sie mit der dieses Jahres zu vergleichen. Wir betrachten nur die relativen Zahlen, also Verhältnisse von Populationen.

[167] Die Verhulst-Gleichung dient mittlerweile Insektenforschern dazu, die Auswirkungen von Schädlingen in Obstgärten zu berechnen, Genetikern, um die Häufigkeitsschwankungen bestimmter Gene in einer Population zu bestimmen, und Soziologen, Gerüchteausbreitung zu modellieren.

Um die chaotischen Eigenschaften dieser Rückkoppelungsgleichung genau zu betrachten, formen wir die Verhulst-Gleichung zu dieser einfacheren Gleichung um:

$x_{n+1} = ax_n(1 - x_n)$.[168]

Die Gleichung beschreibt eine einfache Parabel, die durch die Punkte (0,0) und (1,0) verläuft und unabhängig von der Wahl des Parameters a ist. Um die Dynamik zu erforschen, benützt man eine einfache und schnelle Methode, die man ‚graphische Iteration' nennt.

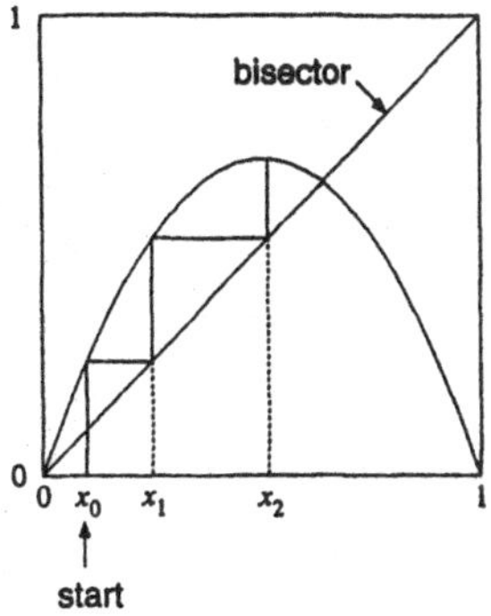


Abbildung 4.20: Wir beginnen, indem wir $x_0$ auf der x-Achse markieren. Nun zeichnen wir eine Vertikale. Von $x_0$ bis zur Kurve von diesem Schnittpunkt aus zeichnen wir eine Horizontale bis zur Winkelhalbierenden. Von dort aus wieder eine Vertikale bis zur Kurve usw.

Mit Hilfe dieser Methode kann man sehen, ob sich die Iterationen im stabilen oder instabilen Zustand befinden, d.h. ob sich die Iterationen chaotisch bewegen.

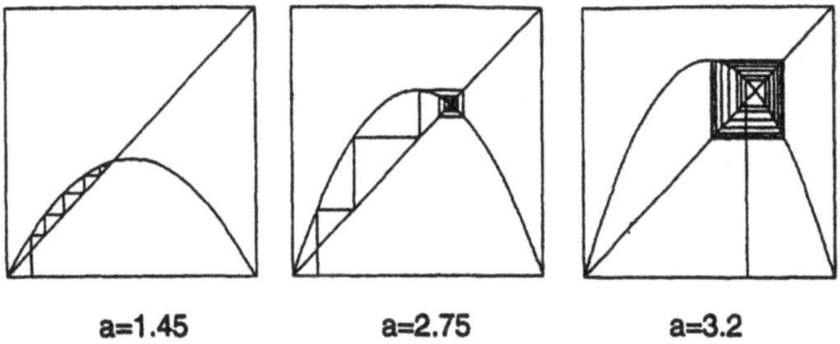


Abbildung 4.21: Grafische Iteration für drei Parameterwerte, die zum stabilen Verhalten führen.

Die Abbildung 4.21 zeigt die graphische Iterationsmethode für drei unterschiedliche Werte von a im stabilen Bereich des Verfahrens. Für a = 1.45

[168]Diese Gleichung ist äquivalent mit der Gleichung von Verhulst, wenn wir $x_n$ = (r/r+1) $P_n$ und a = r+1 setzen.

ist zu erkennen, dass die Iteration eine Treppe bildet, die dem Schnittpunkt zwischen der Kurve und der Winkelhalbierenden zustrebt. Für a = 2.75 bildet die Iteration eine ‚Spirale', die dem Schnittpunkt zwischen der Kurve und der Winkelhalbierenden zustrebt.

Für a=4 kommt das Verfahren nicht zur Ruhe. Vielmehr beansprucht es den gesamten verfügbaren Raum. Diese Erscheinung, genannt ‚Mischen'[169], ist ein Anzeichnen für den instabilen Zustand des Systems.

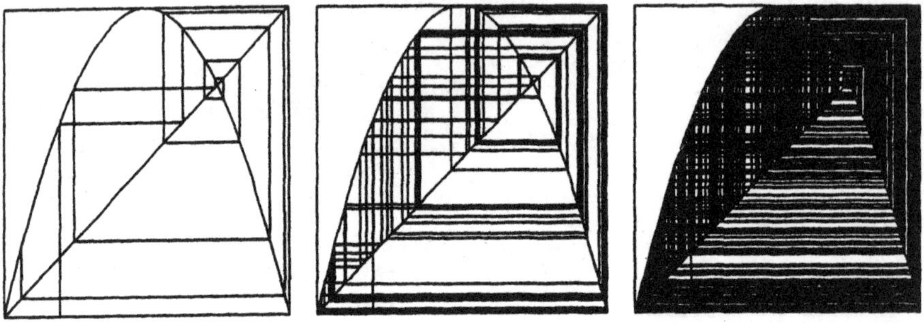

Abbildung 4.22: Instabiles Verhalten für a = 4. Derselbe Anfangswert wird für unterschiedliche Anzahlen von Iterationen benutzt.

Je nach dem Kontrollparameter kann eine Rückkopplungsgleichung instabil oder stabil sein. Daher ist die Analyse des allgemeinen quadratischen Rückkopplungsverfahrens so schwierig, weil die stabilen und instabilen Zustände miteinander in einem sehr komplizierten Muster verflochten sind: Ein und dasselbe System kann sich grundsätzlich auf beide Arten verhalten und es gibt Übergänge von der einen in die andere Art. Daher kann die einfache logistische Gleichung der Populationsdynamik den Übergang ins Chaos zeigen. Indem man den Parameter a verändert, wird das stabile System chaotisch. Für a = 1.45 ist der Anfangswert noch nach einer gewissen Zeit pendelt sich das System immer auf den gleichen Endwert ein, unabhängig von den Anfangswert. Bei vier Nachkommen (a = 4) spielt die Anfangspopulation hingegen eine entscheidende Rolle: Wenn anfangs statt 100 Insekten 105 ein Gebiet bevölkern, entwickelt sich das System für alle Zukunft auf verschiedene Weise. Bei diesem Fall zeigt die Gleichung die Empfindlichkeit der Anfangsbedingungen.

Untersuchen wir die andere Eigenschaft dieser Gleichung. Dafür nehmen wir alle Parameterwerte a zwischen 1 und 4. Genauer gesagt interessieren

---

[169] Unter ‚Mischen' versteht man Erfüllung des gesamten Raums durch die Trajektorien. Und das ist ein Anzeichen für den instabilen Zustand des Systems.

wir uns für das Langzeitverhalten, wenn die Abhängigkeit von der ursprünglichen Wahl des Anfangswerts $x_0$ annähernd auf Null abgefallen ist. Dieses Ergebnis können wir mit Hilfe des Computers betrachten[170],

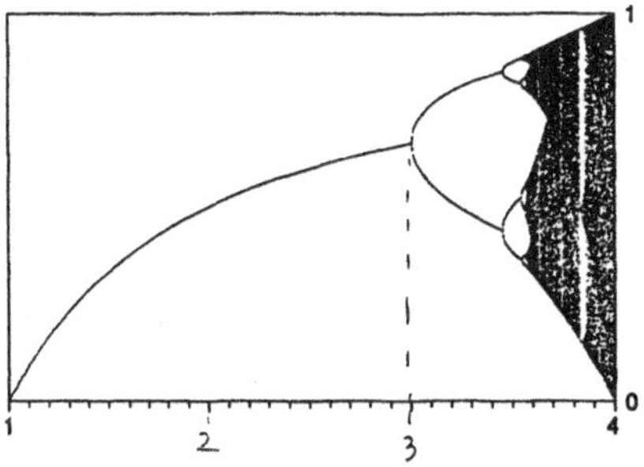


Abbildung 4.23 Endzustand-Diagramm für den quadratischen Iterator und Parameterwert r zwischen 1 und 4. Das Bild nennt man auch ‚Feigenbaum-Diagramm', weil das Bild aus dem Werk des Physikers Mitchell Feigenbaum kommt.

1. Wir wählen einen zufälligen Anfangswert $x_0$ aus dem Intervall [0,1] und berechnen 200 Iterationen $x_1, x_2, \ldots x_{200}$.
2. Wir lassen die ersten 100 Iterationen außer Acht.
3. Wir zeichnen die verbleibenden Iterationen $x_{101}, x_{102}, \ldots x_{200}$ in das Diagramm ein.

Wenn wir z.B. den Parameter a = 2 nehmen, fallen alle eingetragenen Punkte $x_{101}, x_{102}, \ldots x_{200}$ auf den einen Punkt (2, 0.5). Durch dieses Diagramm können wir feststellen, dass für Parameterwerte a >3 der Endzustand nicht mehr aus einem Punkt besteht, sondern aus zwei, vier oder noch mehr Punkten. Für a = 4 tritt schließlich das Chaos ein, das das gesamte Intervall [0,1] dicht ausfüllt.
Eine der grundlegenden Strukturen dieses Diagramms ist die eines verzweigten Baums, der der qualitativen Veränderung im dynamischen Verhalten der Iterationsgleichung entspricht. Wie wir gesehen haben, verzweigt der Hauptstamm sich in zwei große Äste, diese beiden Äste gabeln sich wiederum und dieser Prozeß setzt sich immer weiter fort. In dem Bereich, in dem wir nur einen Ast sehen, strebt das Langzeitverhalten des Systems gegen einen Endzustand, egal welcher Anfangswert genommen wird. Wenn wir zwei Äste sehen, bedeutet dies, dass das Langzeitverhalten zwischen zwei verschiedenen Endzuständen regelmäßig hin und her springt. Bei den vier Ästen ist die Periode des Endzustands von zwei auf vier angewachsen usw. Dieses Phänomen nennt man ‚Periodenverdopplung':

[170] D. Peak/M. Frame, *Komplexität: Das gezähmte Chaos*, 1995, S. 164.

1→2→4→8→16.... Für a=4 wird die Periode des Endzustands das ganze Intervall von 0 bis 1 beherrschen: Hier beginnt das Chaos.

Neben der Periodenverdopplung zeigt das Feigenbaum-Diagramm noch eine andere chaotische Eigenschaft: die Selbstähnlichkeit. Um diese Eigenschaft des Feigenbaum-Diagramms näher zu betrachten, vergrößern wir Ausschnitte des Diagramms. Zum Anfang sehen wir eine Reproduktion der Abbildung 4.24. Wir vergrößern nun den Inhalt des rechteckigen Fensters, das in das Anfangsdiagramm eingezeichnet ist. Das vergrößerte Rechteck ist direkt unter dem Anfangsdiagramm abgebildet. Es sieht genau wie das ursprüngliche Diagramm aus. Wir vergrößern das Rechteck, das im zweiten Bild eingezeichnet ist und erhalten das dritte Bild unserer Darstellung. Theoretisch können wir unendlich oft auf diese Weise fortfahren. Das heißt, dass das Diagramm eine selbstähnliche Struktur hat.

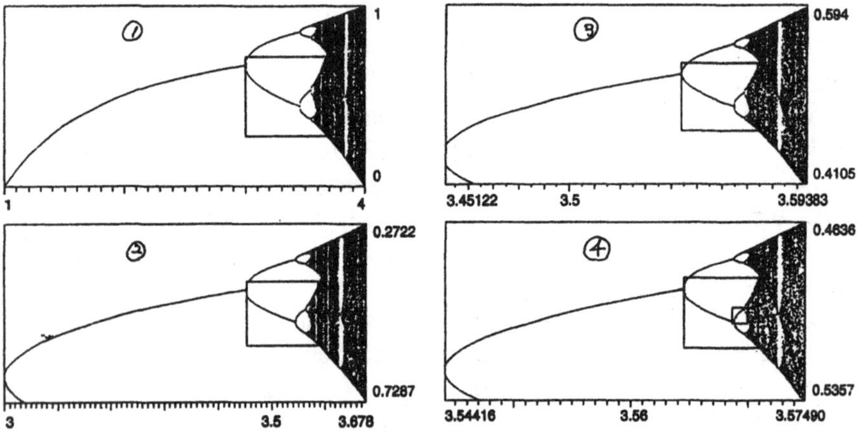


Abbildung 4.24[171]: Durch eine Folge von Vergrößerungen des Endzustand-Diagramms für den quadratischen Iterator wird die selbstähnliche Struktur des Diagramms sichtbar.

Die selbstähnliche Struktur ist eine typische geometrische Eigenschaft des Chaos. Wenn wir diese selbstähnliche Struktur des Chaos geometrisch betrachten, ergibt sich ein Fraktal.

[171] H.-O. Peitgen/ H. Jürgens/ D. Saupe, *Chaos*, 1994, S. 136.

### 4.2.4. Fraktal

Was ist ein Fraktal und wie kann man eines herstellen? Die nachfolgende Abbildung 4.25 zeigt die Entstehung eines Fraktals, wie es 1904 Helge von Koch konstruierte. Das Fraktal, die sogenannte Koch-Kurve, entsteht durch einen Iterationsprozess, in dem immer der gleiche Schritt auf immer kleinerer Skala wiederholt wird.

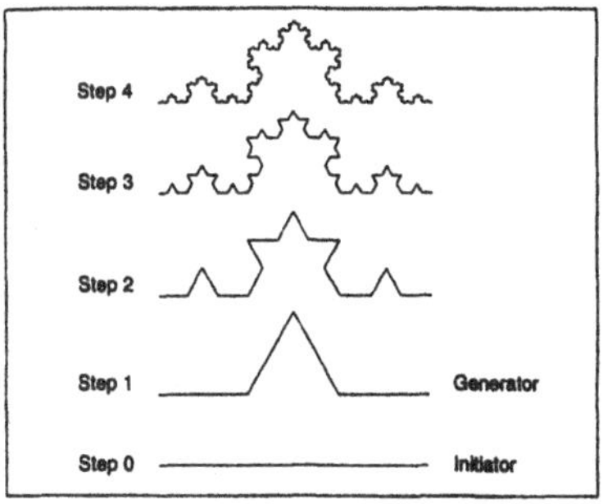


Abbildung 4.25: Die Konstruktion der Koch-Kurve schreitet in Stufen voran. Auf jeder Stufe erhöht sich die Anzahl der Strecken um den Faktor 4.

Ungeachtet seiner Komplexität weist das Fraktal eine einfache Form auf, weil es sich durch fortlaufende Anwendung simpler Iteration erzeugen lässt. Diese selbstähnliche Struktur, die auf dem Iterationsprozess beruht, tritt in der Natur häufig auf. Denken wir an die Küstenlinie von England oder die Äste eines Baumes. Die besondere Eigenschaft dieser Natur ist die Selbstähnlichkeitsform. Und die meisten Selbstähnlichkeitsformen der Natur können durch die euklidische Geometrie nicht ausgedrückt werden, weil die Dimension der Selbstähnlichkeitsform im Vergleich zur euklidischen Geometrie dem Verhältnis von gebrochenen Zahlen entspricht[172]. Neben dieser gebrochenen Zahl der Dimension besteht das Fraktale aus selbstähnlichen Teilen. Wenn wir einen Teil des Ganzen beobachten, enthält der Teil die gleiche Form wie das Ganze. Diesen Schritt können wir unendlich oft machen. Die Eigenschaft, die Selbstähnlichkeit, ist die geometrische

[172] Wie lang ist die britische Küste? Jedes Lehrbuch gibt eine ganz verschiedene Kilometerzahl an. Wenn wir mehr Details (z.B. Felsen oder Kieselstein) erfassen, wird die Küste länger. Die Küstenlinie kann unendlich lang werden. Der Grund ist, dass praktisch jede Figur, die bei der Betrachtung mit immer stärkerer Vergrößerung immer mehr Details zeigt, einen unendlich langen Rand haben muss. Daher braucht man eine neue Messdimension, d.h. die fraktale Dimension. Der Raum ist drei- dimensional, ein Stück Papier zweidimensional, eine Linie eindimensional und ein Punkt nulldimensional. Im Vergleich dazu ist die Dimension eines Fraktals keine ganze Zahl, sondern eine gebrochene Zahl (z.B. 1.2618, 1.1291 usw.). Die Küstenlinie von Großbritannien hat die fraktale Dimension von etwa 1.26.

Beschreibungsform der nichtlinearen Rückkopplung oder der nichtlinearen Iterationsgleichung. Die Rückkopplungsgleichung ist eine typische Beschreibungsform chaotischer Phänomene. Daher stellt das Fraktal nicht nur eine Form der Natur, sondern auch die anschauliche Form chaotischer Phänomene dar, die auf der nichtlinearen Iteration beruhen.
Im mathematischen Sinne wird die Methode der Iteration in zwei Arten aufgeteilt. Die erste Art besteht in einer linearen Transformation. Dabei bleibt eine Gerade nach der Transformation auch eine Gerade, nur ihre Länge variiert. Beispiele sind die Kopiermaschine und die affine Transformation. Bei der Kopiermaschine bleibt die originale Form immer gleich. Nur die Größe wird variiert. Die affine Transformation ist eine Transformation, die in verschiedenen Richtungen mit verschiedenem Verkleinerungsfaktor operiert. Transformieren wir ein Quadrat in horizontaler Richtung mit einem Faktor 1/3 und im vertikaler Richtung mit einem Faktor ½, dann wird das Quadrat nach der Transformation zum Rechteck. Die andere Transformation ist nicht-linear. Dadurch wird z.B. eine Gerade in eine gekrümmte Linie transformiert. Die Winkel bleiben hierbei erhalten.
Betrachten wir die Zahlen, die größer sind als 1, z.B. 10. Wenn wir aus den Zahlen die Quadratwurzel ziehen, haben wir einen nichtlinearen Effekt: Der Abschnitt zwischen 1 und $\sqrt{10}$ ist 3.16. Daher wird der Abschnitt zwischen 1 und 10 auf die Länge 3.16 reduziert. Wählen wir dieses Mal den Abschnitt zwischen 2 und $\sqrt{11}$. Obwohl der Abschnitt gleich dem zwischen 1 und 10 ist, sind die beiden Längen verschieden. Die nichtlineare Transformation ist daher von den Längen abhängig und die Länge ist davon abhängig, an welcher Stelle die Transformation angewendet wird. Die typischen Beispiele der nicht-linearen Transformation sind die ‚Julia-Menge[173]' und die ‚Mandelbrot-Menge'. Sie sind keine genauen Kopien der originalen Form, sondern stark verzerrte Kopien, weil die Transformation nicht-linear ist. Die grundlegende Gleichung für die Julia-Mengen ist die Iterationsgleichung. Beginnen wir mit einem beliebigen Anfangswert $x_0 + c$, wobei $x_0$ eine reelle Zahl und c eine feste komplexe Zahl ist, und iterieren die Funktion f gemäß der Regel $f: x_{n+1} = (x_n)^2$, dann ist die Gleichung $x \rightarrow x^2 + c \rightarrow (x^2 + c)^2 + c \rightarrow ((x^2 + c)^2 + c)^2 + c \rightarrow$ ...... Je nach den Anfangswerten bekommen wir unendlich viele verschiedene Folgen. Dennoch besitzt jede Folge eine der beiden folgenden Eigenschaften:

[173] Der Name Julia-Menge geht auf den französischen Mathematiker Gaston Julia (1893-1978) zurück, der wesentliche Beiträge zur komplexen Iteration geleistet hat.

1) Entweder entwickelt sich die Folge unbegrenzt: Die Elemente der Folge verlassen jeden Kreis um den Ursprung.
2) Oder die Folge bleibt begrenzt: Es gibt einen Kreis um den Ursprung, welcher von der Folge niemals verlassen wird.

Die Menge der Punkte, die zur ersten Verhaltensweise führt, wird die ‚Fluchtmenge' für c genannt, während die Menge der Punkte, die zur zweiten Verhaltensweise führt, die ‚Gefangenenmenge' für c genannt wird[174]. Wenn wir x als reelle Zahlen, die in der Ebene der reellen Zahlen in der Entwicklung variieren, und c als eine feste komplexe Zahl nehmen, decken die Fluchtmengen und die Gefangenenmengen dieser Folge einen Teil der komplexen Ebene und ergänzen sich gegenseitig. Die Begrenzung der Gefangenenmenge ist gleichzeitig die Begrenzung der Fluchtmenge, und dies ist die Julia-Menge für eine bestimmte komplexe Zahl c. Je nach der Größe von c entstehen verschiedene Julia-Mengen.[175]

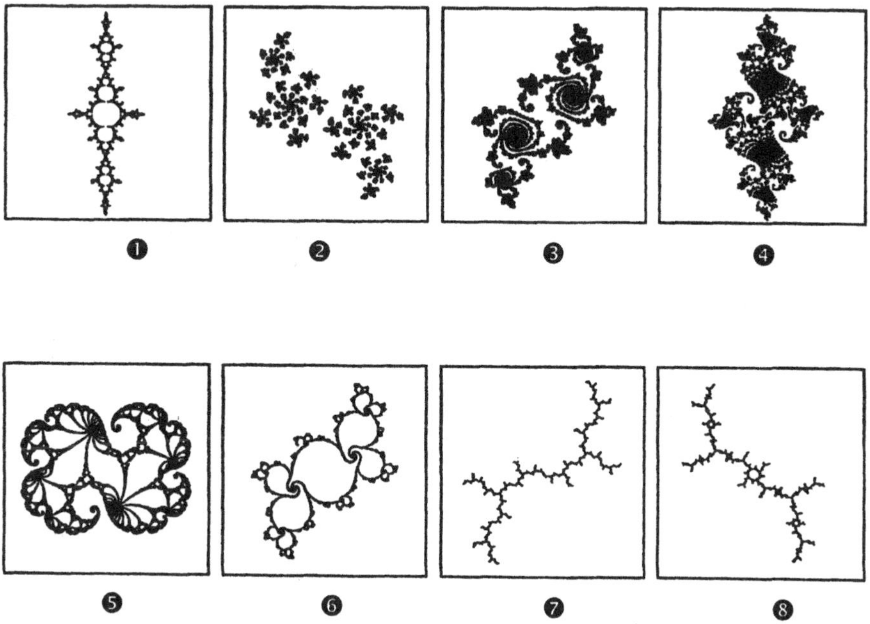


Abbildung 4.26.

[174] H.-O. Peitgen/H. Jürgens/D. Saupe, *Fraktale*, 1998, S.150.
[175] H.-O. Peitgen/H. Jürgens/D. Saupe, *Fraktale*, 1998, S.149.

Die Selbstähnlichkeiten der Julia-Mengen wiederholen sich auf verschiedenen Größenstufen. Diese Selbstähnlichkeiten der Julia-Mengen sind das Ergebnis einer nichtlinearen Transformation. Daher sind die Selbstähnlichkeiten von Julia-Mengen von anderer Art als die lineare Transformation (z.B. Kopiermaschine).
Wie wir gesehen haben, gibt es eine unendliche Vielfalt der Julia-Menge je nach Parameter c. Diese unendliche Vielfalt können wir durch die strukturelle Dichotomie der Julia-Mengen ordnen. Alle Julia-Mengen sind entweder zusammenhängend, wenn alle Teile einer Julia-Menge miteinander verbunden sind, oder punktwolkig, wenn alle Teile einer Julia-Menge miteinander nicht verbunden sind: Bei der Abbildung 4.26 sind ❶, ❹, ❺, ❻, ❼ und ❽ die zusammenhängenden Julia-Mengen, während ❷ und ❸ die punktwolkigen Julia-Mengen sind.[176] Mit Hilfe dieser dichotomischen Struktur der Julia-Mengen bekommen wir die ‚Mandelbrot-Menge':

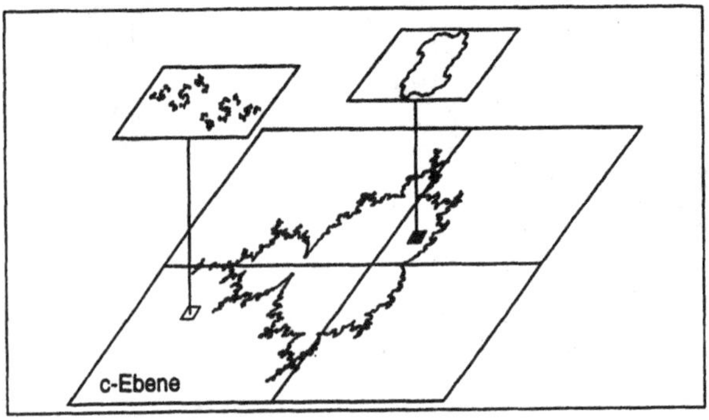


Abbildung 4.27: Dichotomie der Julia-Men gen: Zu jedem Punkt in der c-Ebene gehört eine Julia-Menge. Der Punkt ist schwarz dargestellt, wenn die zugehörige Julia-Menge zusammenhängend ist. Dies ist der Kern des Experiments, das 1979 von Mandelbrot durchgeführt wurde.

Im Jahr 1979 hatte Mandelbrot[177] gemäß dieser Idee diese Dichotomie innerhalb der komplexen Zahlenebene c veranschaulicht. Jeder Punkt in der komplexen Zahlenebene entspricht einer Julia-Menge und jeder Punkt in der Ebene der c-Werte wird entweder schwarz oder weiß dargestellt, je

[176] H.-O. Peitgen/H. Jürgens/D. Saupe, *Chaos*, 1994, S. 434.
[177] Benoit B. Mandelbrot (1924-, Mathematiker) zeigte im 1974 uns mit Hilfe der Computergrafik, dass Julias Werk die Quelle von einigen der schönsten heute bekannten Fraktale ist.

nachdem, ob die zugehörige Julia-Menge eine zusammenhängende Menge oder eine Punktwolke war. Dann bekommen wir die folgende Abbildung:

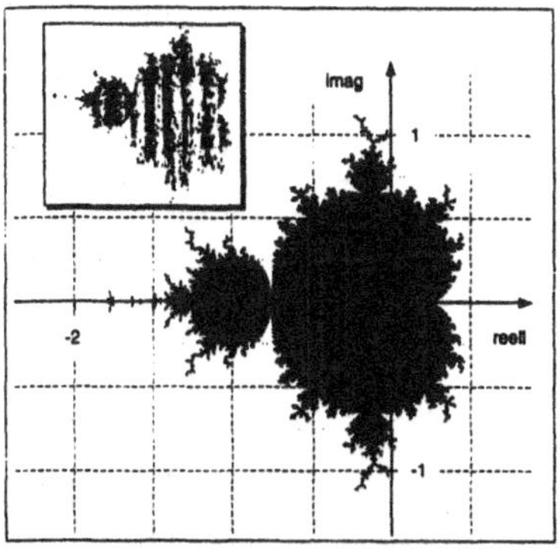


Abbildung 4.28: Die Mandelbrotmenge: Auf dem kleinen Bild sieht man einen Originalausdruck von Mandelbrots Experiment. Das große Bild wird mit einem modernen Laserdrucker und mit einem Algorithmus hergestellt.

Bei dieser Abbildung gehört alles, was sich außerhalb einer Kreisscheibe mit dem Radius 2 um den Ursprung befindet, nicht zur Mandelbrot-Menge: Wenn der Absolutwert $c > 2$ ist, sind alle Julia-Mengen punktwolkig. Im Vergleich dazu sind die Julia-Mengen zusammenhängende Mengen, wenn die Iteration der Punkte für reelle Parameter c mit $-2 \leq c \leq 0.25$ stattfindet. Die Mandelbrot-Menge visualisiert die strukturelle Dichotomie der Julia-Mengen der quadratischen Iteration.

Die Mandelbrot-Menge und die Julia-Mengen sind nicht die einzigen fraktalen Gestalten. Man kann durch Iteration irgendwelcher Gleichungen unendlich viele Fraktale erzeugen und alle Fraktale haben die gleiche chaotische Eigenschaft. Die geringfügigen Änderungen der Transformation bewirken globale Änderungen und die Komplexität kann durch eine simple Regel erklärt werden. Durch eine einfache Methode können wir die Selbstähnlichkeitsform bekommen.

Kann die fraktale Geometrie dann die Ordnung und die Kreativität der Natur vollständig darstellen? Bei einer Küstenlinie oder bei Ästen eines Baums kann die fraktale Geometrie besser als die euklidische Geometrie zur Beschreibung der Natur geeignet sein. Der Blutkreislauf weist eine fraktale Verzweigungsstruktur auf und auch die Lunge hat eine fraktale Struktur. Der Herzschlag folgt einem fraktalen Rhythmus, jeder Schlag ist im wesentlichen wie der zuvor, aber nie ganz der gleiche, und die Anzahl von weißen Blutkörperchen schwankt auf fraktale Weise. Die fraktale Betrachtungsweise ist also nützlich: Die Fraktale haben es ermöglicht, eine überwältigende Vielfalt von Systemen zu modellieren. Die Dynamik der Fraktale gehört zur Chaostheorie.

Ihre wiederholte Iteration ist allerdings zu einfach, um die Kreativität der Natur vollständig zu beschreiben. Um diesem Mangel abzuhelfen, lässt man in den Iterationen zufällige Schwankungen zu, so dass die Details auf verschiedenen Skalen variieren. Man erreicht durch diese Methode eine bessere Nachahmung der wirklichen Formen und Strukturen der Natur. Dies legt nahe, dass natürliches Wachstum durch eine Kombination von Iteration und Zufall zustande kommt. Dieses Phänomen, das eine Kombination zwischen der chaotischen Iteration und dem Zufall ist, können wir in der Selbstorganisation häufig beobachten.

### 5. Selbstorganisation

Was ist Leben? Von den vielen Antworten auf diese Frage hat uns bis jetzt noch keine befriedigt. Die Erscheinungen des Lebens[178] sind komplex und verschiedenartig. Doch wissen wir heute, dass Leben nicht eine der Materie schlechthin innewohnende Eigenschaft ist. „Leben ist zwar an Materie geknüpft, erscheint aber nur unter sehr spezifischen Voraussetzungen und äußert sich dann in sehr vielfältigen und individuell charakteristischen Merkmalen.“[179]

Es ist daher sinnvoll, die Frage nach dem Wesen des Lebens mit der Frage nach seiner Entstehung in Beziehung zu setzen: D.h. wie kann Leben entstehen? Die Entstehung des Lebens ist ein Beispiel für die Entstehung von etwas, das vorher nicht vorhanden war. In diesem Sinne können wir auch danach fragen, wie überhaupt etwas neues entstehen kann.

Jedes Lebewesen ist durch einen Bauplan repräsentiert. Dieser wird von Generation zu Generation weitergereicht und sorgt dafür, dass die Nachkommen den Vorfahren gleichen. Für die Entstehung und die Entwicklung des Lebewesens sind die Gene[180] die grundlegenden Elemente. Sie haben ‚Gedächtnis' und können sich reproduzieren. Für Reproduktion ist es eine notwendige Voraussetzung, den chemischen Gleichgewichtszustand, der das Leben ausschließt, zu verhindern. Die Verhinderung des Gleichgewichtszustands ist gleichbedeutend mit einer Veränderung der Wahrscheinlichkeitsverteilung des Stoffwechsels. Das Gleichgewicht ist ein

---

[178] Wie der Genetiker Hermann Joseph Müller fordert, sind die Mindesteigenschaften eines lebenden Systems die Fähigkeiten, Nahrung zu verarbeiten, sich fortzupflanzen und über mutierbare Erbanlagen zu verfügen.Vgl. R. G. Brunner, *Wie das Leben entsteht*, 1996, S. 3.

[179] M. Eigen, *Stufen zum Leben*, 1987, S. 20.

[180] Den einzelnen DNA-Abschnitt, der für eine molekulare Funktionseinheit, ein Proteinmolekül, codiert, nennt man das Gen.

stabiler Zustand. Bereits früheste Vorläufer des Lebens – wie alle Lebewesen heute – repräsentieren dynamische Systeme weit ab von Gleichgewicht.
Das Leben kann daher in Systemen, die sich im thermodynamischen Gleichgewicht befinden, nicht entstehen. Leben ist ein notorisches ‚Nichtgleichgewichtsphänomen'. Das Ungleichgewicht verursacht die Bewegungskraft: Ungleichgewicht ist die treibende Kraft für physikalische oder chemische Prozesse. Diese Kraft ist die grundlegende Ursache für Veränderungen. Aber wie kann aus den Kräften, die nichts als Bewegungsänderungen bewirken, Ordnung entstehen? Erst die moderne Selbstorganisationsforschung gibt auf die Frage eine plausible Antwort: In bestimmten Bereichen der Dynamik genügen geringe Abweichungen durch Störungen, um ein System instabil werden zulassen. Und die Instabilität verursacht die spontane Entstehung von Ordnung. Diese Eigenschaft nennt man ‚Selbstorganisation'. Mit dem Begriff Selbstorganisation bezeichnet man heute die ‚spontane Entstehung von Ordnung', ohne dass externe Anweisungen oder interne Programme diese Ordnung bestimmen[181]: Selbstorganisation ist als die Entstehung von neuer Ordnung aus Zuständen vorhergehender Ordnung zu definieren, wobei dieser Prozess ohne eine externe Steuerung abläuft[182]. Ein wichtiger Aspekt der Selbstorganisation sind die strukturbildenden Vorgänge.[183] Derartige Systeme organisieren sich selbst. Durch das Zusammenwirken aller Systembestandteile entsteht eine kohärente Ordnung eines Systems[184]: Die Selbstorganisationsphänomene als die Entstehung von Ordnung produzieren den Prozess, der die Ge-

[181] Vgl. G. Küppers, *Selbstorganisation*,1997, S.78.

[182] R. Mocek, *Ein biologisches Grundproblem*, 1997, S. 54.

[183] Die spontane Entstehung geordneter Strukturen in offenen Systemen ist kein Einzelfall, sondern ist in der Natur und Technik weit verbreitet. H. Haken/A. Wunderlin, *Synergetik*, 1986, S. 67f.

[184] Haken entwickelte zu Beginn der 60er Jahre die *nichtlineare Lasertheorie*, die heute in vielerlei Hinsicht als ‚klassisches' Beispiel für die Beschreibung eines Selbstorganisationsphänomens gelten kann. Das nennt er ‚Synergetik'. Wie Eigen arbeitet auch Haken auf dem Gebiet der Selbstorganisation der Materie im Rahmen *nichtlinearer, selektiver Prozesse*: wie kommt es zur *spontanen* Ordnungsbildung und wie können die entstehenden Ordnungsstrukturen eingehender beschrieben bzw. mathematisch bestimmt werden? Während Prigogine eher den Weg komplexer dynamischer Systeme bis zur spontanen Ordnungsbildung betrachtet, analysiert Haken solche Prozesse eher vom Ergebnis her, also aus der Perspektive bereits geordneter, stationärer Nichtsgleichgewichtszustände. Vgl. F. Mußmann, *Komplexe Natur – Komplexe Wissenschaft,* 1995, S. 284, und H. Haken, *Synergetik*,1986, S. 35f.

setzmäßigkeit oder die Ordnung reguliert. Die Newtonsche Dynamik, alle Veränderungen auf das Wirken mechanischer Kräfte zu reduzieren, konnte bei der Erklärung von Prozessen dieser Art nicht weiter helfen, weil Newtons Mechanik einen komplexen Gesamtzusammenhang (System) in seine Teile zerlegt und die Eigenschaft des Systems durch seine Elemente erklärt, während für die Selbstorganisation neue Gesetze benötigt werden. Die grundlegende Frage im Rahmen der Selbstorganisation ist, wie es zur spontanen Ordnungsbildung kommt und wie die entstehende Selbstorganisa tion gesetzlich beschrieben werden kann? Das sehen wir anhand von einigen Beispielen:

### 5.1. Bénard-Konvektion

Bei der Bénard-Konvektion geht es um die Entstehung der geordneten Konvektionsströmungen durch die Erhitzung einer Flüssigkeit. Erhitzt man eine horizontal ausgedehnte Flüssigkeitsschicht einer bestimmten Dicke von unten, so dass sich ein Temperaturunterschied zwischen beiden horizontalen Oberflächen einstellt, dann kann man ab einem bestimmten Wert dieses Temperaturunterschieds ein wohlgeordnetes sechseckiges Strömungsmuster, die sogenannte ‚Bénard-Zelle' beobachten.

Nach der Thermodynamik entwickelt sich ein System hin zu einem Zustand minimaler Entropieerzeugung.[185] Sie zeigt, dass ein System sich zu einem stationären Zustand entwickelt, der durch die minimale Entropie gekennzeichnet ist. Die Entropieerzeugung dieses Systems geht im Lauf der Zeit gegen Null. Betrachten wir eine Schicht Flüssigkeit zwischen zwei horizontalen und parallelen Platten. Die Flüssigkeit strebt sich selbst überlassen in das thermodynamische Gleichgewicht, d.h. einen homogenen Zustand, in dem statistisch die Moleküle bzw. Flüssigkeitsteilchen nicht unterscheidbar sind. Der Systemzustand entspricht vollkommener Symmetrie, in dem keine makroskopischen Veränderungen stattfinden und keine Temperaturunterschiede zur Außenwelt bestehen, d.h. für die Temperatur $T_1$ der oberen und die Temperatur $T_2$ der unteren Platte gilt $\Delta T = T_1 - T_2 = 0$. Dieser Gleichgewichtszustand wird aber zerbrechen, wenn die untere Platte weiter erwärmt wird. Bei diesem Fall ist $\Delta T$ größer als 0. Während für Gleichgewichtssysteme diese Temperaturstörung keine weitere Bedeutung hat, da ihre Temperatur wieder homogen wird und auf den Ausgangswert zurücksinkt, entsteht bei der weiteren Erhitzung ein Ungleichgewicht, das

[185] Vgl. I. Prigogine, *Dialog mit der Natur*, 1983, S.147.

die ‚Wärmeleitung' genannt wird. Bei der Wärmeleitung ist die Störung[186] (Temperaturzufuhr) schwach, deshalb variieren die Temperatur und die Dichte dieses Systems praktisch linear zwischen warmen (unten) und kalten Regionen (oben). Wenn das System weiter erhitzt wird, tritt ein neuer Zustand auf. Beim weiteren Ansteigen der Temperatur tritt plötzlich Konvektion[187] auf, und neue makroskopische Formen werden ausgebildet: Bei einem kritischen Wert $\Delta T_k$ tritt plötzlich makroskopische Bewegung auf.[188] Die Bewegung organisiert sich in kleinen regelmäßigen Zellen, in denen Flüssigkeitsschichten rotieren. Das ist die ‚Bénard-Konvektion'. Es entstehen sechseckige Bereiche, in denen die Flüssigkeit im Inneren aufsteigt und im Außenbereich absinkt: Ursache ist eine geordnete auf- und absteigende Strömung, die durch verschiedene Dichten der Teilchen in der Nähe der unterschiedlich erwärmten Platten eingeleitet wird.

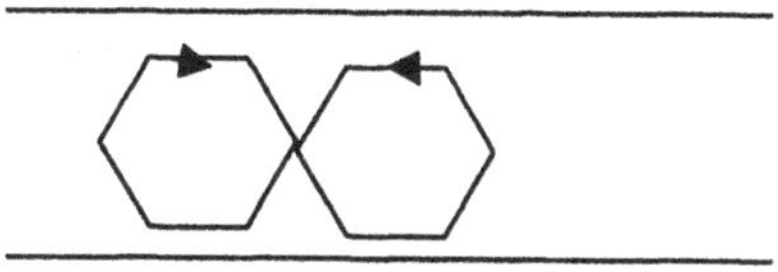

Abbildung 5.1: Zwei verschiedenen Ansichten von Konvektions Zellen (Bénard-Zellen). Man beachte den unterschiedlichen Rotationssinn der benachbarten Zellen[189].

Solange $\Delta T$ unterhalb des kritischen Wertes $\Delta T_k$ liegt, macht die horizontale Homogenität der Flüssigkeit ihre verschiedenen Teile voneinander völlig unabhängig. Im Gegensatz dazu setzt oberhalb des Schwellenwerts $\Delta T_k$ Konvektion ein. Die statistisch reproduzierbaren Beziehungen treten zwischen räumlich entfernten Teilen des Systems auf. Wenn wir das Phä-

[186] Ein Vorgang wie dieser, der zufällig stattfindet und einige Eigenschaften des Systems lokal verändert, heißt Störung.

[187] Konvektion ist Temperaturausgleich durch eine Störung, z.B. beim Erhitzen von Wasser auf der Herdplatte. Bei diesem Fall wird zunächst die unterste Schicht erwärmt. Sie dehnt sich aus, wird spezifisch leichter und steigt nach oben, während die kühleren Schichten sinken und ebenfalls erwärmt werden. Diesen Transport eines Stoffes oder der Wärme nennt man Konvektion.

[188] Der Grund, warum diese Strömungen nicht sofort auftreten, sobald $\Delta T$ nur ein bisschen von Null verschieden ist, besteht darin, dass den genannten destabilisierenden Effekten stabilisierende Effekte entgegenwirken. Stabilisierend wirkt einerseits die Viskosität der Flüssigkeit, die eine der Bewegung entgegengerichtete innere Reibungskraft hervorruft, und andererseits die Wärmeleitung, die Temperaturunterschiede zwischen den zugehörigen Wassermolekülen und seiner Umgebung auszugleichen sucht. Dies erklärt die Existenz eines kritischen Schwellenwerts $\Delta T_k$.

[189] I. Prigogine, *Die Erforschung des Komplexen*, 1987, S. 24.

nomen im thermodynamischen Sinne betrachten, geschieht folgendes: Der Wärmefluss, der den Abstand vom Gleichgewicht aufrechterhält, ergibt einen sogenannten ‚Zwang'. Wegen dieses Zwangs entsteht die Instabilität, die durch einen vertikalen Temperaturgradienten erzeugt wird, der in einer horizontalen Flüssigkeitsschicht hervorgerufen wird. Die untere Grenzfläche der Schicht wird auf eine höhere Temperatur erhitzt als die obere Grenzfläche. Durch diese asymmetrischen Randbedingungen wird ein Wärmefluss von unten nach oben in Gang gesetzt. Wenn der auferlegte Gradient einen Schwellenwert erreicht, wird der Ruhezustand der Flüssigkeit, d.h. der stationäre Zustand, in dem die Wärme ohne Konvektionswirkung durch Wärmeleitung transportiert wird, instabil. Es entsteht eine Konvektion, eine kohärente Bewegung von Ensembles von Molekülen, die den Wärmetransport beschleunigen. Daher ist das thermodynamische Gesetz, das mit thermodynamischen Wahrscheinlichkeiten operiert, nicht mehr gültig.

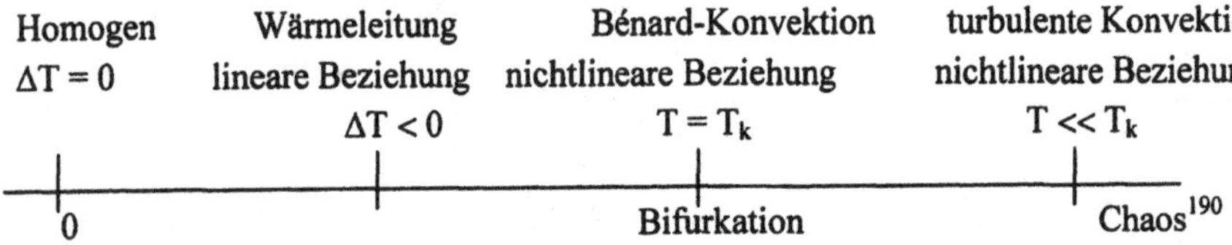


Sehen wir uns genau die Dynamik der Bénard-Konvektion bei Flüssigkeiten an. Flüssigkeiten sind wie Gase Kontinua. Ihre Dynamik nach der klassischen (Newtonschen) Mechanik ist durch die Angabe makroskopischer Größen wie z.B. Geschwindigkeit, Druck und Dichte als Funktion von Ort und Zeit vollständig beschreibbar. Ihre Form wird von den Bewegungsgesetzen (z.B. die Erhaltung von Masse, Impuls und Energie) bestimmt. Dieser Mechanismus erklärt jedoch nicht, warum diese Strömung so geordnet verläuft und die einzelnen Flüssigkeitsteile sich nicht wirr durcheinander bewegen. Die physikalischen Gesetzmäßigkeiten der Instabilität dieses Ungleichgewichts, die zu einer sich selbst verstärkenden Strömung in der Flüssigkeit führt, ist nach der Theorie der Selbstorganisation durch die Randbedingungen (Geometrie der Flüssigkeit, feste Temperaturwerte am unteren und oberen Rand) zwar eingeschränkt, aber nicht

[190] Vgl. R. Mahnke/J. Schamelzer/G. Röpke, *Nichtlineare Phänomene und Selbstorganisation*, 1992, S. 82.

genau festgelegt. Die Koppelung zwischen Temperaturabweichung, die mit der Instabilität eng verbunden ist, und Strömungsgeschwindigkeit ist gerade die relevante Nicht-Linearität der Dynamik. Die Ursache (Temperaturabweichung) beeinflusst die Wirkung (Strömungsgeschwindigkeit) und umgekehrt: Beide sind zirkulär gekoppelt.[191]
Diese Dynamik unterscheidet sich fundamental von thermodynamisch wahrscheinlichen Strukturen. Bei denen gibt es ein lokales Gleichgewicht. Im Vergleich dazu halten sich in selbstorganisierten Strukturen Prozesse in einem globalen Gleichgewicht die Waage. Solche Strukturen verändern sich lokal ständig aber global zeitunabhängig. Während in thermodynamischen Strukturen lokale Störungen zu lokalen Veränderungen und letztlich zu einer anderen Struktur führen, können die globalen dynamischen Strukturen gegenüber lokalen Störungen stabil bleiben. Während sich ein System in der Thermodynamik in Richtung der Entropiezunahme oder der Unordnungszunahme entwickelt, entsteht bei der Bénard-Konvektion eine kohärente Bewegung. Jenseits des kritischen Werts des auferlegten Gradienten ist spontan eine neue molekulare Ordnung entstanden. Während die Thermodynamik den Wärmetransport als eine Quelle der Unordnung betrachtet, wird er beim dissipativen System, z. B. in den Bénard-Zellen zu einer Quelle der Ordnung. Daher entsteht fern vom Gleichgewicht ein komplexes System. Im Gegensatz zum Gleichgewicht oder in Nähe zum Gleichgewicht entspricht ein System fern von Gleichgewicht einer maximalen Entropieerzeugung: Die Fluktuation wird nicht gedämpft. Die Materie bekommt eine neue Ordnung. Diese Ordnung entspricht im Vergleich zur kurzen Reichweite intermolekularer Kräfte ($10^{-8}$cm) der makroskopischen Reichweite: Die Korrelation der Bénard-Zellen ist $10^{-1}$cm groß und eine einzige Bénard-Zelle enthält in etwa $10^{21}$ Moleküle.
Die makroskopisch kohärente Bewegung der Bénard-Zelle geht an einer Stelle nach oben, sinkt dann nach unten und steigt wieder nach oben etc. Die Zellen sind im horizontaler Richtung verteilt und weisen in sukzessiver Reihenfolge linksdrehende (L) und rechtsdrehende (R) Rotation auf.

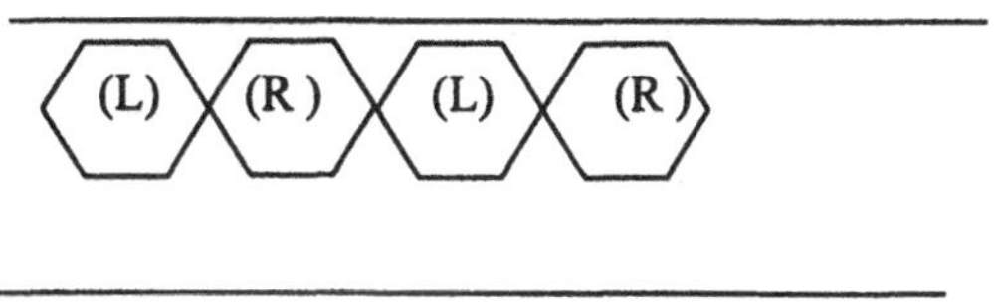


[191] Uwe an der Heiden, *Chaos und Ordnung, Zufall und Notwendigkeit*, 1997, S.110.

Sobald sich einmal ein bestimmter Rotationssinn eingestellt hat, bleibt dieser unverändert bestehen. Die Entstehung der Linkdrehung oder der Rechtsdrehung ist ganz unabhängig von jedem Experiment, egal wie raffiniert das Experiment auch gesteuert werden mag. Im Gegensatz zu der zufälligen Drehung steht der kritische Wert $\Delta T_k$. Der Wert $\Delta T_k$ ist immer gleich bei dem Experiment. Das Phänomen unterliegt einem strengen Determinismus. Der Rotationssinn der Zellen ist weder vorhersagbar noch kontrollierbar: Nur der Zufall in Gestalt einer bestimmten Anfangsstörung entscheidet darüber, ob eine gegebene Zelle rechts- oder linksherum rotiert. Die folgende Abbildung zeigt ein schematisches Bild der angetroffenen Situation.

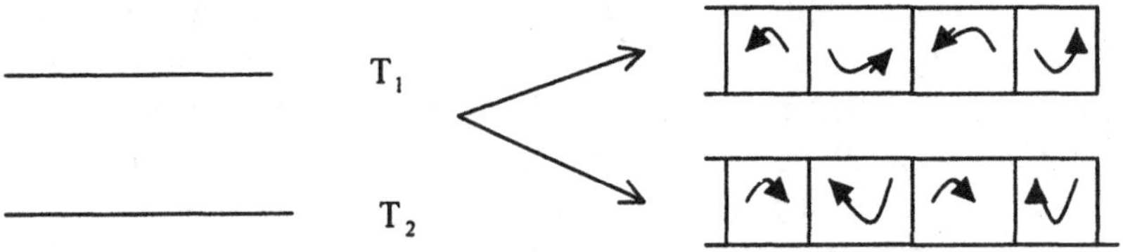


Abbildung 5.2: Multiplizität der Lösungen jenseits der Einsatzschwelle für die thermische Konvektionsinstabilität. Je nach den Umständen kann eine vorgegebene Stelle im Raum zu einer Zelle mit rechts- oder linksherum orientierten Rotationssinn gehören.

Die Abbildung 5.2 beschreibt, dass zu denselben Parameterwerten mehrere Lösungen existieren: Der Zufall allein entscheidet darüber, welche der Lösungen realisiert wird. Bei diesem Zufall spielen die Eigenschaften, die sensitiven Anfangsbedingungen und die Instabilität, eine große Rolle. Instabilität ist ein Zustand eines Systems, von dem aus es sich bei beliebig kleinen Abweichungen in zwei entgegengesetzte Richtungen entwickeln kann. Ebenfalls beruht die Entscheidung der Richtung auf Zufall.[192]
Wir wollen jetzt den Zufallscharakter der Bénard-Zelle von einer allgemeinen Seite her betrachten. Wir haben gesehen, dass oberhalb des kritischen Wertes bei den Bénard-Zellen zwei Möglichkeiten (linksdrehende- oder rechtsdrehende Rotation) auftreten. Dieser Zufallsfaktor entsteht nicht nur in den Bénard-Zellen, sondern auch in manchen anderen chaotischen Nichtgleichgewichtssystemen. Solche Nichtgleichgewichtzustände treten in der Natur häufig auf.[193] Diese Zufallsphänomene kann man als ‚Bifurkation' bezeichnen. Wenn wir die Entwicklung von Systemen jenseits von

[192] Uwe an der Heiden, *Chaos und Ordnung, Zufall und Notwendigkeit*,1997, S.110.
[193] Vgl. K. Mainzer, *Zeit*, 1991, S. 80.

Schwellenwerten geometrisch veranschaulichen, bekommen wir ‚Bifurkationsdiagramme‘. Betrachten wir zuerst die einfachste Bifurkation, die ‚Gabel-Bifurkation’.

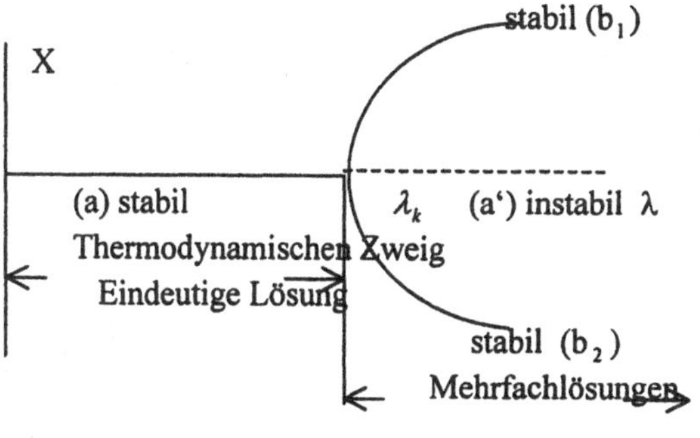


Abbildung 5.3: Bifurkationsdiagramm. Es zeigt, wie sich die Zustandsvariable X mit dem Kontrollparameter λ verändert. Eine eindeutige Lösung (a) wird bei $\lambda_k$ instabil. Bei diesem Wert des Kontroll -parameters tauchen zwei neue stabile Lösungszweige ($b_1$ und $b_2$) auf.

Bei kleinen Werten von λ (d.h. geringe Temperaturdifferenz der oberen- und unteren Platte) in der Abbildung 5.3 liegt ein thermodynamisches Gleichgewicht vor. Überschreitet λ einen kritischen Schwellenwert $\lambda_k$, wird dieser Zweig des Zustandsraums instabil. Das System vermag die eigenen Schwingungen nicht mehr zu dämpfen und schlägt im Fall der Bénard-Konvektion in eine der beiden möglichen Entwicklungszweige um, in deren sich links- oder rechtsdrehende Bénard-Zellen organisieren. Die Abzweigung (Bifurkation) neuer Lösungszweige ist die geometrische Veranschaulichung von Symmetriebrüchen, die für komplexe dynamische Systeme charakteristisch sind.[194]

Im allgemeinen Sinne erhalten wir eine Aufeinanderfolge von Bifurkationen.

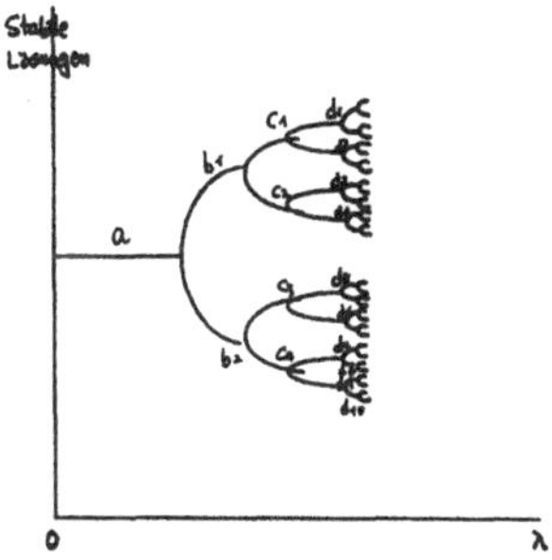


Abbildung 5.4: Die aufeinanderfolgenden Bifurkationen[195]

[194] Vgl. I. Prigogine, *Die Erforschung des Komplexen*, 1987, S.109.
[195] I. Prigogine, *The End of Certainty*, 1997, S. 70.

Die zeitliche Darstellung der Bifurkation umfasst deterministische und probabilistische Prozesse: Zwischen den Bifurkationen hat der Prozess nur eine Möglichkeit, d.h. er ist determiniert. Dagegen tauchen bei einem Schwellenwert mehrere Möglichkeiten auf. Der Prozess wird probabilistisch. Wegen dieser Probabilität hat das System eine geschichtliche Dimension[196]. Wenn sich das System in der Situation $d_2$ befindet, bedeutet dies, dass das System durch die Situationen $b_1$ und $c_1$ gekommen ist.
Die zeitliche Dynamik der Zustände eines komplexen Systems wird durch eine nichtlineare Differentialgleichung in Abhängigkeit von Kontrollparametern beschrieben. ei der Bénard-Konvektion ist der Temperaturunterschied als Kontrollparameter bestimmt. Seiner kontinuierlichen Veränderung im System entspricht kein stetiger Wandel, sondern vielmehr eine ‚sprunghafte' Dynamik. Zur Beschreibung dieser Dynamik benötigt man eine nicht-lineare Gleichung. Eine nichtlineare Zeitdynamik kann zu neuen Ordnungsstrukturen, wie im Beispiel der Bénard-Konvektion, aber auch zu Chaos führen.[197] Bei Veränderung des Kontrollparameters wird die zeitliche Entwicklung wieder durch ein Bifurkationsdiagramm mit typischen Symmetriebrüchen der Gleichgewichtssituationen dargestellt. Die entsprechenden zeitlichen Entwicklungsschritte zeigen auf, dass sich die Entwicklungskurve bei einem k-Wert $k_1$ in 2 Äste spaltet (Bifurkation), bei $k_2$ in 4 Äste, bei $k_3$ in 8 Äste etc, allgemein $2^n$ Äste bei kn. Man spricht dann von einer periodenverdoppelnden Bifurkationskaskade. Bis zum kritischen Wert $k_c$, dem Grenzwert der Folge $k_1$, $k_2$,..., lässt sich die Entwicklung dieses Baumes und damit des entsprechenden dynamischen Systems noch vorhersagen. Aber ab $k_c$ löst sich der Bifurkationsbaum in ein dichtes graues Punktmuster auf. Obwohl jeder Punkt auch weiterhin durch die logische Gleichung eindeutig determiniert ist, hört die Vorhersage auf: Es herrscht das Chaos. Das System ‚wählt' eine der verschiedenen Möglichkeiten. Aber nichts in der makroskopischen Gleichung zeigt diese Bevorzugung. Dieser Umstand weist darauf hin, dass die Erklärung irreduzibel probabilistisch geworden ist.

---

196 Vgl. I. Prigogine, *The End of Certainty*, 1997, S. 70.
197 Vgl. K.Mainzer, *Zeit*, 1999, S. 81.

## 5. 2. Chemische Uhr und Autokatalysis

Ein anderes Beispiel für spontane Strukturbildung ist die Belousov-Zhabotinsky-Reaktion, bzw., die chemische Uhr'.[198] Bei der chemischen Uhr geht es um einen regelmäßigen Wechsel der Farben. Genau gesagt besteht die chemische Uhr in periodischen Ausbrüchen plötzlicher chemischer Aktivität, die als ‚chemische Vektoren' bestimmte räumliche Richtungen bevorzugen können. Sie wurde von den Russen B.P. Belousov und A.M. Zhabotinsky im Jahre 1979 erkannt. Im chemischen Sinne ist die chemische Uhr eine Redox-Reaktion[199], die zwischen einem Überschuss von $Ce^{4+}$-Ionen (sichtbar durch rote Farbe) und $Ce^{3+}$-Ionen (blaue Farbe) hin und her pendeln kann.

Dieses Oszillieren, das mittels einer intern erregten Dynamik die Zeit misst, bildet eine chemische Uhr, die in einem periodischen Prozess abläuft[200].

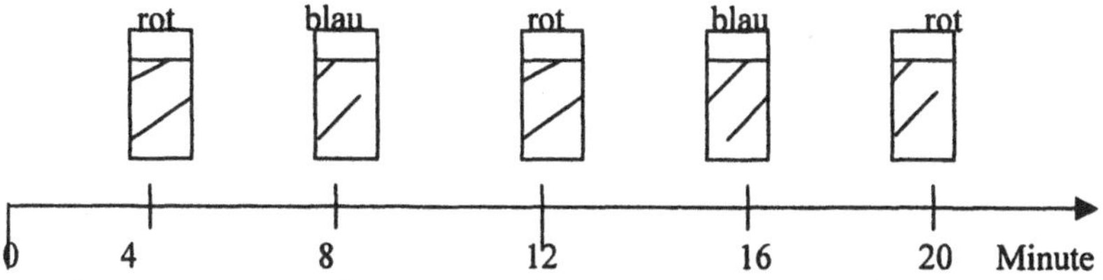


$Ce^{3+} + BrO_3 = Ce^{4+}$ (Rot), $Ce^{4+} + C_3H_3BrO_4 = Ce^{3+}$ (Blau) + $Br^-$ [201]

Abbildung 5.5: Von Blau wechselt das System schlagartig zu Rot und wieder zu Blau etc.[202] :Wir bekommen keinen Fall ‚violett'. Diese Veränderungen vollziehen sich in regelmäßigen Zeitintervallen.

---

[198] Die Belousov-Zhabotinsky Reaktion ist wegen ihres rhythmisch pulsierenden Farbwechsels als ‚chemische Uhr' bekannt geworden.

[199] Redox-Reaktion ist eine chemische Reaktion, ein durch Elektronübergänge gekoppelter Vorgang von Reduktion und Oxidation. Wenn bei einer Reaktion ein Stoff oxidiert, also Elektronen abgibt (Reduktionsmittel), so wird dabei ein anderer reduziert, nämlich der, der die Elektronen aufnimmt (Oxidationsmittel). Ein oxidierter Stoff kann die abgegebenen Elektronen wieder aufnehmen, es stellt sich ein Gleichgewicht zwischen oxidierter und reduzierter Form ein, z.B. $Fe^{3+} + e^- \leftrightarrow Fe^{2+}$. In einem solchen Redox-System unterscheiden sich die miteinander korrespondierenden Oxidations- und Reduktionsmittel nur durch die Zahl der Elektronen.

[200] W. Ebeling, *Chaos*, 1991, S. 21.

[201] W. Ebeling, *Chaos*, 1991, S. 21ff

[202] Natürlich hält dieser Farbumschlag nicht ewig an, sondern nach einiger Zeit, etwa einigen Minuten, tritt ein Ruhezustand ein. Um die Reaktion langfristig zu erhalten, muss man ständig frische Substanzen zuführen und die Folgeprodukte ausscheiden.

Während ein System im Gleichgewicht räumlich homogen bleibt, entsteht die neue Art oder Farbe durch Diffusion: Das System befindet sich fern vom Gleichgewicht und erzeugt eine Instabilität, die die räumliche Symmetrie bricht. An dem Instabilitätspunkt entsteht eine Fluktuation und daraus entsteht ein neues Phänomen (oder eine neue Farbe).
Diese Möglichkeit der Entstehung von Neuen ist nach dem Boltzmannschen Wahrscheinlichkeitsprinzip eigentlich sehr gering: Nach Boltzmann muss das System zur gleichförmigen Verteilung (violette Farbe) führen, weil die Wahrscheinlichkeitsanzahl bei Violett gleichförmig wird. Die gleichförmige Verteilung bedeutet ein strukturloses Gleichgewicht. Unter dieser Bedingung kann keine neue Ordnung entstehen. Daher ist es offenkundig, dass die chemische Uhr durch die klassische Thermodynamik nicht erklärt werden kann: Die chemische Reaktion verläuft entgegen dem thermodynamischen Prinzip. Im Vergleich zu den thermodynamischen Phänomenen entspricht diese Uhr miteinander verbundenen irreversiblen Prozessen.
Nach der Thermodynamik muss sich ein System immer und schnellstmöglich auf ein strukturloses Gleichgewicht zu bewegen, d.h., die Reaktionsstruktur eines solchen Systems ist linear. Aber eine chemische Uhr, die zwischen zwei Farbzuständen wechselt, d.h. eine oszillierende chemische Reaktion, ist rückkoppelnd und nichtlinear. Sie kann durch den Grenzzyklus-Attraktor beschrieben werden. Die regelmäßig rückkoppelnde Reaktion der chemischen Uhr kann der Ausgangspunkt eines chaotischen Phänomens sein. Nehmen wir an, wir hätten eine chemische Uhr mit einer Periodendauer von Sekunden. Wir sind damit im Bifurkationsdiagramm schon rechts vom ersten kritischen Punkt, wo sich der Stamm zum erstenmal aufgespaltet hat. Wenn wir jetzt die Konzentrationen der Chemikalien verdoppeln, läuft die Uhr doppelt so schnell, also alle $T/2$ Sekunden. Erhitzt man nun die Konzentrationen viermal, achtmal und so weiter, dann verdoppelt sich jedes Mal die Zahl der Farbwechsel in einer gegebenen Zeit T: Dieser Prozess heißt ‚Periodenverdopplung'. Schließlich, bei einem endlichen Wert für die Zufuhrrate, liegt eine unendliche Zahl von Bifurkationen hinter dem System und der Prozess bricht vollständig zusammen. Sie nimmt einen völlig unregelmäßigen Zustand ein: Der Vorgang kann nicht wiederholt werden. Die chemische Uhr entspricht dann einem seltsamen Attraktor. Von diesem Punkt aus entsteht ‚Chaos'.

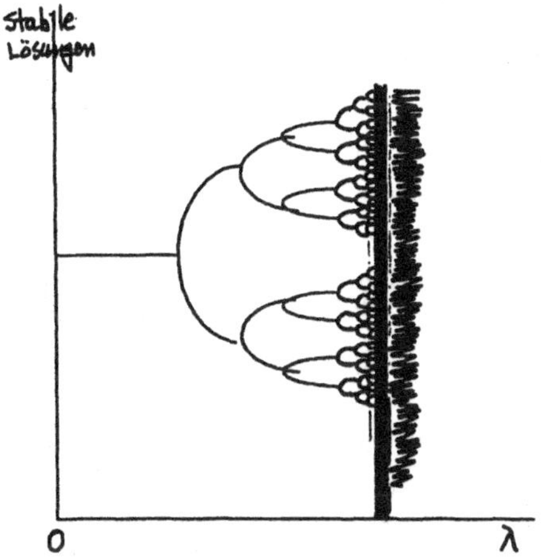


Abbildung 5.6: Ein Bifurkationsbaum. Er zeigt die Kaskade von Bifurkationen, die ein einfaches nicht-lineares System durch immer wiederholte Periodenverdopplung schließlich zum Chaos führt. Beim endlichen Abstand $\lambda_c$ vom Gleichgewicht sind unendlich viele Äste vorhanden.

Neben dieser Periodenverdopplung (die erste Eigenschaft der Selbstorganisation) zeigt die chemische Uhr eine zweite wichtige Eigenschaft der Selbstorganisation, die ‚Autokatalyse'.

In der Biologie oder in der Chemie spielt die Katalyse[203] eine wichtige Rolle, weil ohne Katalyse oder ohne Enzyme ein System nicht funktionieren kann. Eine wichtige Klasse von katalytischen Prozessen stellt die ‚Autokatalyse' dar: Es gibt nämlich Stoffe, die in der Lage sind, sich zu katalysieren. Das bedeutet, dass sich die Moleküle einer solchen Substanz gewissermaßen selbst vermehren können. Um Moleküle der Art X zu produzieren, müssen wir mit einem System, das bereits X enthält, beginnen. Diese Phänomene kommen in Biologie sehr häufig vor. Ein Beispiel dafür ist eine Reaktion wie $A+2X \rightarrow 3X$; in Gegenwart von Molekülen X wird ein Molekül A in ein Molekül X umgewandelt.

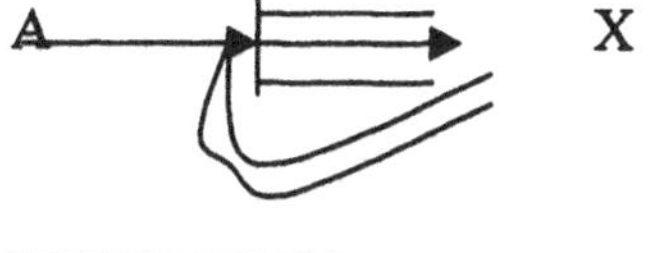


[203] Als ‚Katalysator' bezeichnet man in der Chemie einen Stoff, der eine chemische Reaktion begünstigt, ohne selbst daran teilzunehmen, d.h. ohne sich selbst chemisch zu verändern und zu ‚verbrauchen'. Vgl. K. Fischer, *Evolution in Natur, Kultur und Denken*, 1998, S. 5.

Ein bedeutendes Merkmal von Systemen mit derartigen ‚Rückkopplungsschleifen' besteht darin, dass die kinetischen Gleichungen, welche die in ihnen vor sich gehenden Veränderungen beschreiben, nichtlineare Differentialgleichungen sind: Die Wirkung (X) beeinflusst die Ursache (A). Ein Beispiel dafür sehen wir im Verhältnis zwischen Nukleinsäuren und Proteinen. Nukleinsäuren enthalten die Information zur Erzeugung von Proteinen, die ihrerseits Nukleinsäuren erzeugen. Der grundlegende Mechanismus, mit dem die Molekularbiologie die Übertragung und Nutzung der Erbinformation erklärt, ist eine Rückkoppelungsschleife bzw.ein ‚nichtlinearer' Mechanismus.
Die chemische Uhr ist ein Beispiel für Autokatalyse, genau gesagt, ein Beispiel für einen ‚Hyperzyklus[204]'. In ihr bilden die Zwischenprodukte X, Y und Z einen geschlossenen Prozesskreis (siehe Abbildung 5.7). Damit sich dieser Kreis in einer bestimmten Richtung, hier im Uhrzeigersinn dreht, muss Ungleichgewicht herrschen. Der ‚innere' Prozesskreis erneuert sich ständig selbst und wirkt als Ganzes wie ein Katalysator, der Anfangsprodukte in Endprodukte verwandelt.

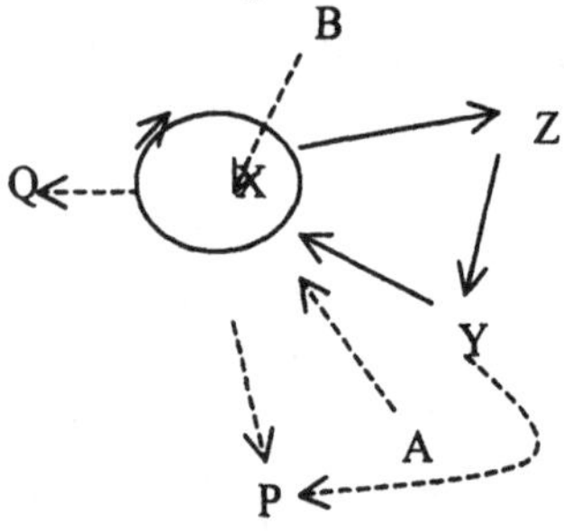


Abbildung 5.7: Die zyklische Organisation der chemischen Uhr mit einer autokatalytischen Stufe, die durch kreisförmig geschlossenen Pfeil dargestellt wird. In dieser Abbildung sind Anfangsprodukte A = B = Br $0^{-}{}_3$, Zwischenprodukte X=H Br $O_2$, Y = $Br^{-}$ , Z = 2 $Ce^{4+}$ ; Endprodukte P,Q. Das Zwischenprodukt X vermehrt sich autokatalytisch und hält dadurch den Zyklus in Gang, zerfällt aber laufend in Q, so dass das System in der Regel dynamisch global stabilisiert ist.

Die autokatalytische Reaktion ist für die Biologie sehr wichtig, weil die Vorgänge im Organismus auf gleichartigen chemischen Prozessen

[204] Ein Hyperzyklus ist ein geschlossener Kreis von Umwandlungs- oder katalytischen Prozessen, in dem ein oder mehrere Teilnehmer zusätzlich autokatalytisch wirken. Manfred Eigen nannte dieses System ‚Hyperzyklus'.

(Schwingungen) beruhen.[205] Unsere Organe arbeiten rhythmisch wie eine chemische Uhr. Wenn wir die Funktion der chemischen Uhr verstehen können, können wir die Funktion der chemischen Vorgänge im Organismus, z.B. beim Herzschlag bestimmen. Die chemischen Uhren sind das Musterbeispiel einer chemischen Selbstorganisation. Bei bestimmten Konzentrationen der zugeführten Substanz wird der stabile Ablauf gestört und es tritt eine plötzliche periodische Änderungen auf. Durch diese Schwingungen werden die Moleküle auf der mikroskopischen Ebene neu gebunden, so dass makroskopisch die gesamte Flüssigkeit periodisch als rot bzw. als blau erscheint: Bei bestimmten kritischen Werten treten qualitative Sprünge auf. Dieses Phänomen ist eine typische selbstorganisatorische Eigenschaft. Wenn sich ein System in großer Entfernung vom Gleichgewicht befindet, verhält es sich ganz anders als ein thermodynamisches System. Der grundlegende Mechanismus der Selbstorganisation ist nicht-linear und dieser Mechanismus ist für Lebendiges sehr wichtig. Als Beispiel nehmen wir die Desoxyribonukleinsäure (DNA), die für Fortpflanzung und Stoffwechsel notwendig ist. Die Desoxyribonukleinsäure enthält die Informationen, wie Proteinsequenzen zusammengesetzt werden müssen. Unter den synthetisierten Proteinen entstehen einige Enzyme in einer Rückkoppelungswirkung, durch die nicht nur die verschiedenen Übersetzungsetappen aktiviert und gesteuert werden, sondern auch der autokatalytische Mechanismus der DNS-Replikaktion, durch den die Erbinformation kopiert wird.
Die dritte wichtige Eigenschaft der Selbstorganisation ist die Verschiedenheit zwischen den mikroskopischen und den makroskopischen Zustandsbewegungen. Nehmen wir als Beispiel den Wärmetransport von unten nach oben bei der Bénard-Konvektion oder die chemische Reaktion bei der chemischen Uhr. Vom mikroskopischen Standpunkt her, der sich mit dieser Bewegung der die Flüssigkeit aufbauenden Moleküle beschäftigt, liegt die Flüssigkeit in einem völlig ungeordneten Zustand vor, aber im makroskopischen Sinne ist der Zustand hoch symmetrisch.
Selbstorganisationssysteme haben die Fähigkeit, sich spontan auf einen makroskopischen Maßstab, der durch das Gesamtsystem festgelegt wird, zu organisieren. Der Makrozustand schließt die konstruktive und kohärente Mitwirkung der Untersysteme ein. Diese makroskopischen strukturbildenden Vorgänge treten infolge einer Instabilität auf. Das ist die vierte Eigenschaft der Selbstorganisation. Instabilität bedeutet, dass Fluktuationen kein

[205] H. Haken, *Erfolgsgeheimnisse der Natur*, 1981, S.75.

bloßes ‚Rauschen' mehr sind, sondern die globale Entwicklung des Systems bestimmen.[206] Ein und dasselbe Ereignis, ein und dieselbe Fluktuation können völlig vernachlässigbar sein, wenn das System stabil ist, und ganz wesentlich werden, wenn das System durch Nichtgleichgewichts-Prozesse in einen instabilen Zustand getrieben wird.

Qualitativ verschiedenartige Zustände eines Systems stehen über Instabilitäten in Verbindung miteinander. Über einen Instabilitätspunkt entsteht die nichtlineare Bewegung. Anstatt dass sich alle Moleküle unabhängig voneinander bewegen, beeinflussen und koppeln sie sich miteinander[207] : Auf der makroskopischen Ebene existieren eigene qualitativ neue Gesetzmäßigkeiten, die nicht einfach aus den Gesetzen der mikroskopischen Ebene deduziert werden können. Das Phänomen kann nicht aus mikroskopischen Gesetzmäßigkeiten hergeleitet werden.[208i]

## 5. 3. Fazit

Bis jetzt haben wir die physikalischen Aspekte von Newtons Mechanik bis zur Chaostheorie betrachtet. Newtons Mechanik beruht, wie wir sahen, auf der Naturvorgängen, die sich gemäß der Kräfte, z.B. der Gravitationskraft, bewegen. Und seine Gesetze werden aus diesen Kräften abgeleitet. Die Anfangszustände, der Ort und die Geschwindigkeit eines Körpers oder eines Planeten werden als eindeutig bestimmbar angenommen. Und aus der Beobachtung können wir die Werte der Koordinaten und die Bewegungsgrößen der Köpers, z.B. der Planeten ableiten und in Mathematik übersetzen. So erhalten wir die Bewegungsgleichung. Dadurch können wir die Werte der Koordinaten oder irgendwelche Eigenschaften des Systems zu einer späteren Zeit genau vorhersagen. Wir können z.B. die genaue Zeit einer Mondfinsternis berechnen, weil Newtons Gleichung auf den mechanischen Ortsveränderungen infolge von Kräften beruht und seine Gesetze auf Linearität und Integrabilität beruhen.

In der Thermodynamik ist die Situation etwas anders als in Newtons Mechanik, besonders bei der Bestimmung des Anfangszustandes. Da die Gegenstände der Thermodynamik die ungeheure Zahl der Moleküle eines Systems sind, können die Anfangszustände der Moleküle nicht genau bestimmt werden. Trotz der großen Anzahl bewegen sie sich genau so

---

[206] I. Prigogine/I. Stengers, *Das Paradox der Zeit*, 1993, S. 93.

[207] Diese Bewegungsform nennt Haken 1975 das ‚Versklavungsprinzip'. Vgl. H. Haken, *Eine Einführung in die Synergetik*, 1994, S. 247.

[208] H. Haken, *Eine Einführung in die Synergetik*, 1994, S. 253.

mechanisch wie die Gegenstände der Newtonschen Mechanik. Daher liegen den Gleichungen der Thermodynamik die Gesetze Newtons zugrunde. Obwohl auf der mikroskopischen Ebene der Thermodynamik aufgrund der großen Anzahl der zugleich betrachteten Teilchen der Wahrscheinlichkeitsbegriff benutzt wird, sind die thermodynamischen Gesetze, die die Beziehungen zwischen makroskopischen Variablen ausdrücken, deterministisch. Die Gesetze erlauben keinen Zufall und keine Ausnahme. Daher sind die Ergebnisse thermodynamischer Prozesse makroskopisch exakt vorhersagbar.

Die Eigenschaften quantentheoretischer Phänomene unterscheiden sich sehr von denen der Newtonschen Mechanik und der Thermodynamik. Die Quantentheorie beschreibt die Gesetze der mikroskopischen Welt. Die mikroskopischen Gegenstände haben merkwürdige Eigenschaften. Nehmen wir an, dass wir die Bewegung eines Elektrons betrachten möchten. Dann müssen wir durch irgendeine Beobachtung die Anfangslage und die Geschwindigkeit des Elektrons bestimmen. Aber diese Bestimmung kann wegen der Unbestimmtheitsrelation nicht genau sein. Diese Ungenauigkeit wird mit Hilfe des mathematischen Schemas der Quantentheorie als Wahrscheinlichkeitsfunktion niedergeschrieben. Die Wahrscheinlichkeitsfunktion stellt die experimentelle Situation zur Zeit der Messung dar: Sie enthält die Ungenauigkeit der Variablen. Wir bestimmen die Wahrscheinlichkeitsfunktion zur Anfangszeit aus der Beobachtung. Und danach können wir aus den Gesetzen der Quantentheorie die Wahrscheinlichkeitsfunktion zu irgendeiner späteren Zeit berechnen. Die Wahrscheinlichkeitsfunktion, die auf der Hamilton-Funktion beruht, prognostiziert Tendenzen oder Möglichkeiten. Daher kann man das Resultat nicht exakt vorhersagen.

Bei den chaotischen Phänomenen und den Phänomenen der Selbstorganisation muss man sehr oft fast unendlich komplexe Anfangsvariablen berücksichtigen (z.B. beim Wetter). Solange es um die reale Welt geht, sind die Situationen nicht einfach. Man kann nicht einfach verallgemeinern, weil besonders bei den chaotischen Phänomenen und der Selbstorganisation alle Variablen auf Grund von Wechselwirkungen miteinander verbunden sind. Daher ist ihre Gleichung nicht-linear. Anders als Newtons Mechanik, in der alle Veränderungen auf das Wirken mechanischer Kräfte zu reduzieren sind, ist die grundlegende mathematische Struktur von Chaos und Selbstorganisation anders, weil das Auftreten neuer Phänomene wie etwa das Leben auch aus genauer Kenntnis der dem Phänomen zugrunde liegenden Komponenten und ihrer mechanischen Verbindung nicht vollständig erklärt werden kann. Die reduktionistische analytische lineare Gleichung entspricht diesem Fall nicht. Während Newtons Mechanik darauf setzt, einen komplexen Gesamtzusammenhang in seine Teile zu zerlegen und Eigenschaften des Systems durch seine Elemente zu erklären, brauchen wir einen anderen Gedankengang, um die Entstehung des Neuen zu beschreiben und zu verstehen. Solange wir von unendlich vielen Anfangsvariablen alles wissen, können wir die Zukunft genau vorhersagen. Das ist aber unmöglich. Unser Wissen von den Anfangsbedingungen ist unperfekt. Daher müssen wir mit einem geringen Fehler anfangen. Der kleine Fehler wird im Lauf der Zeit exponentiell größer wegen der zirkulären Nicht-Linearitätsstruktur. Daher können wir zukünftige Ereignisse in solchen Systemen nicht genau vorhersagen[209].

Für unser Ziel, die Entwicklung der Naturwissenschaft zu erklären, haben wir bis jetzt die naturwissenschaftlichen Theorien im Hinblick auf die herkömmliche physikalische Ansicht betrachtet. Diese resultierenden Erkenntnisse sind die notwendige Voraussetzung für unser Ziel, weil ohne diese grundlegenden Erkenntnisse unsere Bemühungen inhaltslos bleiben. Diesen Punkt berücksichtigend, fassen wir zunächst einige Eigenschaften der bisher untersuchten Theorien zusammen:

| | NM | TD | QT | CT & SO |
|---|---|---|---|---|
| Anfangszustand | genau bekannt | nicht genau bekannt | nicht genau bekannt | nicht genau bekannt |
| Gleichung | linear | linear | linear | nicht-linear |
| Voraussagen | 100% genau | 100% genau | nicht 100% genau | nicht 100% genau |

NM: Newtons Mechanik, TD: Thermodynamik, QT: Quantentheorie, CT & SO: Chaostheorie und Selbstorganisationstheorie

209 Ohne die Chaostheorie hätte man vielleicht vertreten können, dass dieser Indeterminismus nur auf mikroskopischem Niveau eine Rolle spielt und für makroskopische Prozesse keine oder nur eine geringe, im allgemeine vernachlässigbare Bedeutung hat. Die Chaostheorie zeigt dagegen, wie aus mikroskopischen Unterschieden makroskopische werden können.

## III. Zeitstruktur : Zeitsymmetrie vs. Zeitasymmetrie

In Kapitel III haben wir die naturwissenschaftlichen Theorien aus einer konventionellen Perspektive betrachtet. Auf Grund der hier gewonnenen Erkenntnis sehen wir jetzt die wichtigste Eigenschaft der qualitativen Veränderung: die Zeitirreversibilität. Die Zeit ist für den Menschen faszinierend und rätselhaft zugleich. Sie erscheint oft widerspruchsvoll, weil sich die Phänomene der Zeit in wechselnden Lebenssituationen und Daseinsformen unterschiedlich darstellen. Im Vergleich zum Raum, in dem wir die Dinge um uns herum in gewissen Abständen voneinander sehen, besitzen wir keinen gewöhnlichen menschlichen Sinn dafür, Dinge wahrzunehmen, die in der Zeit verteilt sind. Daher ist die Zeit schwer fassbar. Obwohl die Erkennbarkeit der Zeit so schwierig erscheint, ist die Zeit in allen Lebensbereichen des Menschen von elementar wichtiger Bedeutung. Deshalb spielt die Bestimmung, was die Zeit in der Natur ist, eine wichtige Rolle für unser Leben bzw. für unsere Weltsicht.

Da wir uns für die Natur interessieren, wollen wir uns auf die Frage konzentrieren, welche Bedeutung die Zeit in den Naturvorgängen hat. Wie können wir die Existenz der Zeit in den Naturvorgängen erfassen? Ist die Zeit ein absoluter Parameter, wie Newton gesagt hat?[210] Können wir dann die absolute Existenz der Zeit unabhängig von Dingen wahrnehmen? Wie wir durch Einsteins Relativitätstheorie wissen, gibt es kein Natursystem, das eine wahrhaftige Zeit vor anderen, gleichberechtigten auszeichnet. Newtons absolute Zeit hat ihre Geltung verloren. Nur durch konkrete Ereignisse können wir überhaupt von Zeit in den Naturvorgängen sprechen. In diesem Sinne kann die Zeit von den Naturvorgängen nicht unabhängig sein. Im Gegensatz zu Newtons Behauptung über die Existenz einer absoluten Zeit fassen heutzutage viele Physiker die Zeit als einen externen Beschreibungsparameter auf. Sie benutzen Zeit als eine Koordinate, um die Bewegung der Natur zu betrachten. Ihr Wesen ist jedoch, wie wir wissen, mehr als ein bloßer externer Beschreibungsparameter. Sie ist mehr als ein Maß, mit dem die Naturvorgänge beschrieben werden. Da die Zeit außerhalb von Naturvorgängen nicht existieren kann[211] und nur durch Naturvorgänge wahrgenommen werden kann und ohne Zeit die Naturvorgänge, besonders ihre Bewegung nicht existieren könnten, ist die Zeit ein wichti-

[210] „Die absolute, wahre und mathematische Zeit verfließt an sich und vermöge ihrer Natur gleichförmig und ohne Beziehung auf irgendeinen äußeren Gegenstand", zitiert nach H. Genz, *Wie die Zeit in die Welt kam*, 1999, S. 21.

[211] Nach Aristoteles ist es unmöglich, dass ohne Bewegung Zeit existiert. Vgl. Aristoteles, De Generatione et Corruptione-2.10.337a23-24, 1974.

ger Bestandteil der Naturvorgänge. Daher darf die Zeit nicht zu einem bloßen Beschreibungsparameter der Bewegungen verkümmern. Die Zeit gehört zu den Naturvorgängen. „Die Zeit als der Bestandteil der Naturvorgänge muss eine naturreale Größe sein."[212] Das bedeutet, dass die Zeit eine Größe ist, die mit dem internen Zustand der Natur zusammenhängt.[213] Die Zeit ist bei dieser Bestimmung ein Indikator des Bewegungsablaufs in den Naturphänomenen. Die Zeit zeigt uns die Struktur der Naturvorgänge, insbesondere deren Bewegungsstruktur, an. Ohne die Zeit gibt es keine Bewegung. Deshalb können wir durch die jeweilige Analyse der Zeitstruktur die jeweilige Bewegungsform der Naturvorgänge erkennen. Diese Analyse gibt uns den Anhaltspunkt für die Unterscheidung zwischen der quantitativen und der qualitativen Veränderung an, weil die zeitliche Irreversibilität die grundlegende Eigenschaft der qualitativen Veränderung sind. In diesem Sinne betrachten wir im folgenden die Zeitstrukturen der jeweiligen naturwissenschaftlichen Theorien.

### 1. Die Zeitsymmetrie von Newtons Mechanik

Newton hat ein universales Gesetz gefunden, das auf alle Phänomene anwendbar ist. Das gesamte Universum ordnet sich nach diesem Gesetz. Die Kräfte zwischen den Planeten und jene, welche frei fallende Körper auf der Erde beschleunigen, sind identisch. Wenn wir die Anfangsbedingungen des gesamten Universums kennen, wird die weitere Bewegung des Universums allein durch seine Bewegungsgleichungen bestimmt: Die Abläufe des Universums sind dann automatisch festgelegt. Das bedeutet, dass Ereignisse (vergangene oder zukünftige) durch einzelne Zustände festgelegt sind: Wenn die Anfangsbedingungen für die Positionen und Geschwindigkeiten der Himmelskörper richtig gewählt worden sind, ergeben Newtonsche Gleichungen für jeden Wert ihres Parameters Zeit die entsprechenden späteren oder früheren Positionen der Himmelskörper. Diese Eigenschaft nennt man ‚Determiniertheit'.

Die Determiniertheit spielt eine wichtige Rolle für die Betrachtung der Zeitstruktur in Newtons Mechanik. Sie bedeutet, dass, wenn wir die Vergangenheit kennen, wir auch die Entwicklung der Zukunft eindeutig vorhersagen können. Für eine bestimmte Vergangenheit ergibt sich nur eine bestimmte Zukunft, und umgekehrt für eine bestimmte Zukunft nur eine bestimmte Vergangenheit. Ob wir mit der Vergangenheit anfangen oder

---

[212] H. J. Fahr, *Zeit und kosmische Ordnung*,1995, S. 43.
[213] Vgl. I. Prigogine, *Dialog mit der Natur*, 1983, S. 226.

mit der Zukunft ist dabei vollkommen gleichgültig, wir bekommen immer das gleiche Resultat. Die Zeitrichtung ist reversibel.
Betrachten wir diese zeitreversible Struktur in der Newtonschen Mechanik näher. Alle Variablen in Newtons Mechanik - Koordinaten, Geschwindigkeit und Beschleunigung - sind Funktionen der Zeit. Jedes System kann somit als eine Menge von Variablen dargestellt werden. Und die Variablen werden durch die Zeit addiert und multipliziert. Die Zeit ist daher eine grundlegende Größe in Newtons Mechanik. Dennoch finden wir nirgendwo in Newtons Mechanik eine Definition der Zeit: Die Bewegung ist durch Zeit erklärt aber nicht umgekehrt die Zeit mittels der Bewegung. Newtons Zeit ist also ein universeller, durch keine direkte Beobachtungsgröße eliminierbarer Parameter.[214] Newtons Zeit ist eine abstrakte universelle Ordnung oder eine absolute Größe, die völlig unabhängig davon ist, was in der Zeit geschieht.[215]
In Newtons Mechanik kommt die Zeit im zweiten Gesetz in der Form $m\frac{d^2x}{dt^2} = F$ vor.[216] Die Form bleibt bei der Zeitumkehrung (t→ -t) unverändert, weil die Zeit in einem Bewegungsgesetz mathematisch als 2. Potenz, bzw. quadriert auftritt.[217] Wenn also die vorwärtslaufende Zeit t mit positiven Werten durch eine rückwärtslaufende Zeit -t mit negativen Werten ersetzt wird, dann bleibt die Form des Gesetzes unverändert. Nehmen wir ein konkretes Beispiel: Bei der kräftefreien Situation $\frac{d^2x}{dt^2} = 0$ gibt es eine gleichförmige geradlinige Bewegung, z.B. x(t) = a + bt. Diese Gleichung ist in dem Sinn zeitreversibel, dass die Bewegung der Umkehrgleichung t→ -t ebenfalls gleichförmig ist. Wenn wir die Gleichung einmal ableiten, ist die Lösung $\dot{x}(t) = b$. Wenn wir die Gleichung nach der Zeitumkehr -t einmal nach t ableiten, bekommen wir ebenfalls die gleiche Lösung $\dot{x}(-t) = b$. Deshalb ist Newtons zweites Gesetz zeitreversibel.[218] Auch das erste Newtonsche Gesetz, das Trägheitsgesetz $\dot{x}$(t) = v = konstant, ist bei einer

---

[214] Eigentlich war Newtons Zeit eine absolute Zeit, die von den Dingen unabhängig abläuft. Das Maß für seine Zeit ist die Strecke des Körpers, der sich mit konstanter Geschwindigkeit geradeaus bewegt. Aber in der realen Welt gibt es keine Dinge, die dieser Bewegung entsprechen, weil auf alle Dinge Kräfte wirken. Daher ist die wahre Zeit Newtons ein metaphysischer Begriff. Vgl. H. Genz, *Wie die Zeit in die Welt kam*, 1999, S. 92.
[215] F. Cramer, *Zeitbaum*, 1996, S. 38.
[216] P. Mittelstaedt, *Der Zeitbegriff in der Physik*, 1976, S. 27.
[217] I. Prigogine/I. Stengers, *Das Paradox der Zeit*, 1993, S.153
[218] Nach der Kettenregel ist die Lösung der Ableitungsgleichung so, $\dot{x}$(-t) = $\dot{x}$(-t) (-$\dot{t}$) = (-v) (-1) = v.

kräftefreien Bewegung ebenfalls zeitreversibel, weil zu jeder Lösung x(-t) auch eine gleiche Lösung wie zu x(t) existiert[219].

Diese Eigenschaft, die Zeitreversibilität, beruht auf der differentialen Struktur in der Newtonschen Mechanik. Nach Newton ist die Bewegung die örtliche Veränderung. Die Geschwindigkeit ist die Veränderung des Ortes in der Zeit und die Beschleunigung die Veränderung der Geschwindigkeit in der Zeit. Die Beschleunigung ist daher die zeitliche Veränderung der zeitlichen Veränderung des Ortes eines Körpers.[220] Wegen dieser differentialen Struktur[221] besteht die Bewegung in diesen quantitativen Additionsvorgängen.

Das Phänomen, das diesen Vorgängen entspricht, enthält eine bedeutende Eigenschaft. Die Bahnen beider Systeme sind identisch, wobei sich das erste System im Lauf der Zeit nach +t entwickelt und das zweite System im Lauf der Zeit nach –t. Wenn wir die Position x(t) dieser Systeme als Funktion der Zeit darstellen, bekommen wir folgende Abbildung[222],

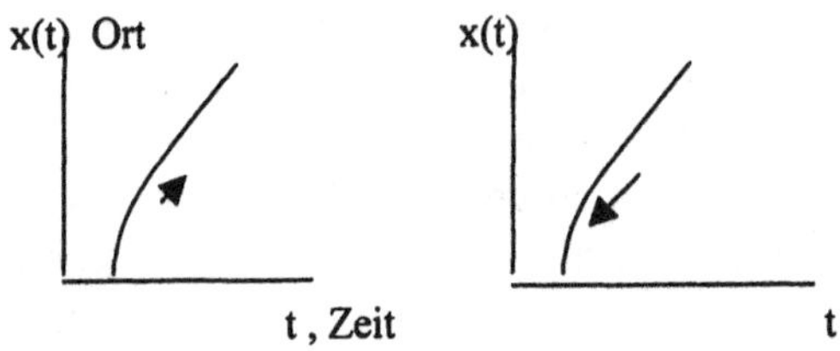


Abbildung 1.1: Trajektorien, die den verschiedenen Zeitrichtungen entsprechen, geben die gleichen Entwicklungen der Koordinaten x(t) an.

Die Bewegungen dieser Systeme machen keinen Unterschied zwischen der Zukunft und der Vergangenheit. Die Beziehung zwischen der Vergangenheit und der Zukunft ist symmetrisch.

Wenn wir die Eigenschaft der zeitlichen Äquivalenz auf die Planetenbewegung anwenden, ergibt sich das folgende Ergebnis: Ein Planet kann sowohl vorwärts als auch rückwärts die Sonne umlaufen.

---

[219] $\dot{x}(t) = v = k = v = (-v)\ (-1) = \dot{x}(-t)(-t)\ \dot{x}(-t)$

[220] Die Beschleunigung spielt in Newtons Mechanik eine zentrale Rolle, weil die Beschleunigung zu untersuchen in der Sprache Newtons heißt, die verschiedenen Kräfte zu bestimmen, die auf die Punkte des untersuchten Systems einwirken. Durch die Beschleunigungen können die Zustände eines Systems in jedem Augenblick bestimmt werden. Vgl. I.Prigogine, *Dialog mit der Natur*,1983, S. 63ff.

[221] Während die Differentialgleichungen das dynamische Problem beschreiben, liefert ihre Integration die Lösung dieses Problems. Und die Lösung führt zur Abbildung der Bahnen. Die Bahnen bezeichnen die aufeinanderfolgenden Positionen bzw. Zustände.

[222] Vgl. I. Prigogine, *Vom Sein zum Werden*,1982, S. 24.

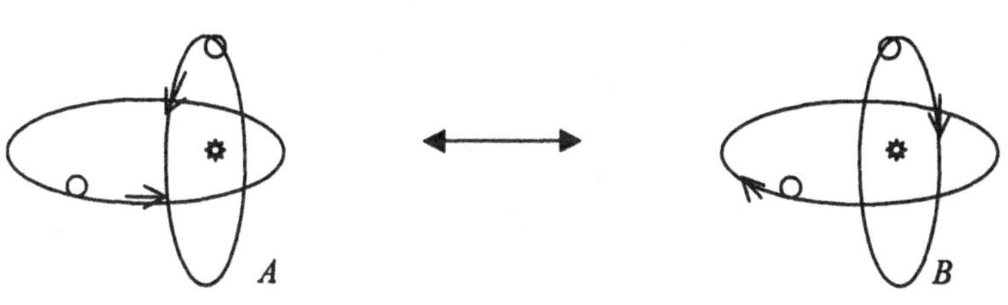


Abbildung 1.2: Die Umkehrbarkeit der Newtonschen Mechanik.
Es gibt keinen Unterschied zwischen einer vorwärts und einer rückwärts laufenden Zeit. Die Newtons Mechanik verändert sich bei der zeitlichen Umkehrbarkeit nicht.

Die Zeitsymmetrie der Mechanik besagt, dass die Gesetze der Mechanik sowohl den vorwärts als auch den gespiegelten rückwärtslaufenden Film zulassen und bestimmt. Daher kann ein Planet sowohl vorwärts als auch rückwärts die Sonne umlaufen. Aufgrund der Zeitsymmetrie der Mechanik -gesetze sind mechanische Prozesse im Prinzip reversibel.[223] Beide Zustände A und B sind erlaubte Lösungen von Newtons Gleichungen. Ohne eine vorherige Wahl der Zeitrichtung kann man allein mit Hilfe der Gleichungen nicht entscheiden, in welche Richtung von einer gegebenen Anfangsbedingung sich ein Planet bewegen wird.
Wegen dieser zeitlichen Äquivalenz gibt es in Newtons Mechanik keinen wesensmäßigen Unterschied zwischen Vergangenheit, Gegenwart und Zukunft: Demzufolge enthält Newtons Beschreibung eines Systems zu einem einzigen Zeitpunkt im gleichen Moment auch seine Vergangenheit und Zukunft. Daher ist eine Unterscheidung zwischen der Vergangenheit und Zukunft ebenso wenig möglich, wie zwischen Ursache und Wirkung.

## 2. Die Zeitasymmetrie der übrigen Theorien

### 2.1. Die Zeitstruktur der Thermodynamik

Die thermodynamischen Gesetze beschreiben keine mikroskopischen Phänomene von Atomen und Molekülen, sondern makroskopische Phänomene, die durch direkte Messung zugänglich sind, wie Druck, Volumen und Temperatur. Bei dem ersten Gesetz der Thermodynamik geht es um die Äquivalenz von Wärme und mechanischer Arbeit: Die gleiche Menge mechanischer Arbeit erzeugt immer die gleiche Menge Wärme. Mit anderen Worten: In jedem physikalischen Prozess bleibt die Gesamtmenge der Energie erhalten, auch wenn sie von einer Form in eine andere übergeht.

[223] K. Mainzer, *Hawking*, 2000, S. 33.

Neben diesem Zusammenhang, der durch das erste Gesetz der Thermodynamik formuliert wird, enthält die Bewegung der Wärme noch einen anderen: Die Wärmebewegung oder die Energieumwandlung läuft nur in einer Richtung ab. Wärme fließt immer nur von einer wärmeren zu einer kälteren Region. Um dieses Phänomen physikalisch zu beschreiben, führte Clausius 1865 den neuen Begriff der ‚Entropie' als eine mit der überführten Energie verbundenen Größe ein. Das ist der zweite Hauptsatz der Thermodynamik: Bei einem System wächst die Unordnung oder Entropie mit der Zeit. Die zeitliche Entwicklung eines isolierten Systems[224] (ohne Stoff- und Energieaustausch mit seiner Umgebung) ist dann beendet, wenn die Entropie auf den maximal möglichen Wert gestiegen ist. Das System befindet sich dann in einer maximalen Unordnung; es hat sein thermodynamisches Gleichgewicht erreicht.

Diese Aussage zeigt auch die Zeitrichtung der Thermodynamik an.[225] Aber diese Zeit ist keine mikroskopische Zeit, die durch Mikrozustände charakterisiert wird, sondern die makroskopische Zeit, die durch einen makroskopischen Zustand ausdrückt wird. Die ‚Richtung der mikroskopischen Zeit' wird durch die Gesetze der Thermodynamik nicht ausgedrückt.

Nehmen wir als die mikroskopische Zeit die mittlere Dauer zwischen zwei Stößen der Moleküle im Gas an. Da es gerade diese Stoßprozesse sind, die das Teilsystem ins thermische Gleichgewicht überführen, betrachten wir diese Stoßzeit als eine charakteristische Zeit, in der ein kleines Teilsystem ins thermische Gleichgewicht kommt. Aussagen über die zeitliche Entwicklung eines Vielteilchensystems werden dann möglich, wenn die betrachteten Zeiträume die mikroskopische Zeit wesentlich übertreffen. Aber die Thermodynamik beschreibt diesen Übergang nicht.

Betrachten wir eine Kiste, die, durch eine Wand getrennt, zwei verschiedene Gase X und Y enthält. Die Thermodynamik ist nicht in der Lage, zeitliche mikroskopische Prozesse ($t_1 \sim t_2$) zu beschreiben. Die Thermodynamik kann nur Anfangs- und Endzustände im makroskopischen Sinne miteinander vergleichen: Den Anfangszustand in Abbildung A, bei dem beide Gase in dem Behälter durch eine feste Wand getrennt sind, und den Endzustand Abbildung B, der sich schließlich einstellt, nachdem die Wand entfernt wurde.[226]

---

[224] Im Vergleich zum isolierten System heißt ein System ein geschlossenes System, das Energieaustausch mit der Umgebung, aber keinen Materieaustausch erlaubt. Ein offenes System steht mit der Umgebung über Energie- und Materieaustausch in Verbindung.

[225] Vgl. S. W. Hawking, *Eine kurze Geschichte der Zeit*, 1988, S. 184.

[226] Vgl. H. Haken, *Synergetik*,1998, S. 39.

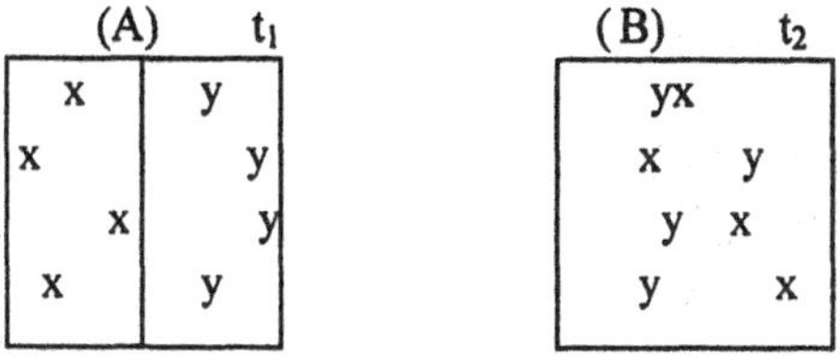


Abbildung 2.1: In (A) sind zwei verschiedene Gase X und Y durch eine Wand voneinander getrennt. Wird die Wand entfernt, stellt sich der Zustand (B) ein: Es erfolgt die maximale Durchmischung der Gase.

Über den Verlauf des Ausgleichsprozesses (A~B) während endlicher Zeiten $\Delta t$ ($t_2 - t_1$) kann die Thermodynamik keine Aussagen treffen.
Obwohl die Thermodynamik diesen Schwachpunkt enthält, tritt die Zeitrichtung auf eine andere Weise in die Thermodynamik ein. Ludwig Boltzmann hat mechanistisch zu erklären versucht, wie die Makrozustände eines Körpers wie Wärme auf die Stoßmechanik von Molekülen zurückzuführen sind. Er verfolgte im einzelnen die Stöße von Gasmolekülen und ihren Einfluss auf die statistische Verteilungsfunktion der Moleküle von Ort und Geschwindigkeit.[227] H ist der Entropie S analog. Boltzmanns Erklärung bestand darin, das makroskopische Geschehen durch mikroskopische Vorgänge mit sehr vielen Teilchen und sehr vielen Freiheitsgraden statistisch zu erklären. Die statistische Mechanik Boltzmanns erklärt den Makrozustand durch eine mögliche Anzahl von Wahrscheinlichkeiten W von Mikrozuständen. Die Anzahl W beruht auf den mikroskopischen Bewegungsgleichungen. Wenn ein Makrozustand durch die Wahrscheinlichkeiten solcher Mikrozustände erreicht wird, so wird die Entropie des Makrozustandes durch $S = k \ln W$ bestimmt ($k$ = Boltzmannkonstante). Die Entropie eines Systems ist daher nach Boltzmann ein Maß für die Wahrscheinlichkeit, nach der sich die Moleküle so gruppieren, dass das System den beobachtbaren Makrozustand einnimmt.
Die Entropie können wir dabei mit Hilfe der Anzahl W bestimmen. Daher ist die Entropie nicht nur ein Maß für die Energieverteilung, sondern auch ein Maß für die Nichtumkehrbarkeit von Vorgängen, bzw. für die Irreversibilität. Die Entropie ist ein Zeitmaß, ein Maß für die Nichtumkehrbarkeit der Zeit.[228] Dieser Übergang zwischen der mikroskopischen

[227] H ist der Durchschnitt des Logarithmus der Verteilungsfunktion, den man durch Integration über die Geschwindigkeit erhält. Für die Verteilung der Moleküle im Geschwindigkeitsraum nahm er die Größe H an. Vgl. K. Mainzer, *Zeit*, 1999, S. 75.
[228] Vgl. F. Cramer, *Der Zeitbaum*, 1996, S. 46.

und der makroskopischen Ebene, der von Boltzmann gemäß der Wahrscheinlichkeitstheorie dargestellt wurde, ist die Quelle der zeitlichen Irreversibilität.[229] So entsteht die Zeitrichtung in der Thermodynamik.
Diese Irreversibilität hat Prigogine folgendermaßen erklärt: Auf der mikroskopischen Ebene entsteht Instabilität, weil die Anzahl der Gasmoleküle ungeheuer hoch ist und weil es zwischen den Molekülen unreduzierbare Wechselwirkungen gibt. Veranschaulichen wir dies an einem Beispiel: Gibt man Milch in schwarzen Tee, so vermischen sich beide Flüssigkeiten. Die Moleküle der Milch bewegen sich zwischen die Moleküle des Tees, beide Flüssigkeiten diffundieren ineinander. Schließlich herrscht zwischen den beiden Flüssigkeiten eine gleichmäßige Verteilung und der Tee hat eine bräunliche Färbung angenommen. Ist diese Durchmischung beendet, tritt keine weitere Änderung mehr ein. In diesem Endstadium hat die Unordnung bei der Verteilung der Moleküle ihr Maximum erreicht; die Entropie erreicht in diesem Stadium ein Maximum. Der Gleichgewichtszustand zeichnet sich dadurch aus, dass die Moleküle von Milch und Tee mit gleicher Wahrscheinlichkeit in der Mischung auftreten und dass keine weitere Möglichkeit zur intensiveren Mischung mehr besteht. Niemals beobachten wir den umgekehrten Vorgang, bei dem sich die gleichmäßig braune Flüssigkeit von sich aus in weiße Milch und schwarzen Tee trennen würde.
Die Instabilität des Ausgangszustandes können wir nur mit Hilfe des Wahrscheinlichkeitsbegriffes analysieren. Dann entsteht auf der makroskopischen Ebene Irreversibilität, d.h. Brechung der zeitlichen Symmetrie.

Makroskopische Ebene: Brechung der zeitlichen Symmetrie

↑

probabilisische Ebene (Wahrscheinlichkeitsbegriff): Irreduzibilität

↑

Mikroskopische Ebene: Instabilität

Die Zeitrichtung der Thermodynamik entsteht zwischen der mikroskopischen und der makroskopischen Ebene. Daher ist der Übergang von mikroskopischer zu makroskopischer Ebene die Schnittstelle, an der sich die Zeitrichtung ergibt. Mit der Wahrscheinlichkeit wird die Zeitrichtung festgelegt. Das Konzept ‚Wahrscheinlichkeit' strukturiert die Zeit in faktische Vergangenheit und mögliche Zukunft[230].

---

229 Vgl. F. Cramer, *Der Zeitbaum*, 1996, S. 47.
230 Vgl. A. Benz, *Die Zukunft des Universums*, 1998, S. 41.

## 2.2. Die Zeitstruktur der Quantentheorie

Die Schrödingergleichung, die grundlegende Gleichung der Quantentheorie, basiert auf der Hamilton-Funktion H. Die Hamilton-Funktion ist nichts anders als die Summe der potentiellen und der kinetischen Energie eines Systems. In ihr sind die kanonischen Gleichungen, die durch die Ableitungen der Hamilton-Funktion die zeitliche Änderung der Koordinaten und Impulse angeben, reversibel, weil die Zeitumkehr in der Hamilton-Funktion mathematisch äquivalent zu der Geschwindigkeitsumkehrung in der Newtonschen Mechanik ist. Die Schrödingergleichung übernimmt in der Quantentheorie die Rolle der kanonischen Gleichung in Newtons Mechanik. Wie diese in Newtons Mechanik ist die Schrödingergleichung eine Gleichung erster Ordnung in der Zeit: Sobald der Quantenzustand zu einer beliebigen Zeit bekannt ist, können wir den jeweiligen Quantenzustand für beliebige Zeiten sowohl für die Zukunft als auch für die Vergangenheit berechnen. Die Schrödingergleichung bestimmt, genau wie die kanonische Gleichung in Newtons Mechanik, eine reversible und deterministische Entwicklung. Wegen dieser reversiblen Änderung kann die Entwicklung der Schrödingergleichung durch die Trajektorie dargestellt werden: In dieser Hinsicht entspricht die Situation genau Newtons Mechanik.
Die Schrödingergleichung ist daher auch eine Art von linearer Differentialgleichung.[231] Aufgrund dieser Eigenschaft ist die Zeit innerhalb der Quantentheorie umkehrbar. Die mathematische Struktur der Quantentheorie unterscheidet sich nicht von Newtons klassischer Mechanik: Beide sind Differentialgleichungen. Im Vergleich zur klassischen Mechanik verfügt die Quantentheorie über einen Operator.[232] Mit ihm können aus der Wellenfunktion beobachtbare physikalische Größen abgeleitet werden. Beispielsweise kann man die Wellenfunktion eines Elektrons mit geeigneten Operatoren verknüpfen und so seinen Ort oder seine Geschwindig -keit bestimmen. Es gibt aber keinen Operator, durch den die Zeit bestimmt werden kann. Die Zeit in der Quantentheorie gilt nicht als eine ‚Observable', sie ist keine messbare Größe wie in Newtons Mechanik. Die Zeit ist in der Quantentheorie nicht definiert. Zeit ist hier also ein invarianter Parameter, d.h. keine Messgröße wie in der klassischen Mechanik.

---

[231] Die Schrödingergleichung ist linear. Wenn wir zu einer gegebenen Zeit t die Beziehung $\Psi(t) = a_1\Psi_1(t) + a_2\Psi_2(t)$ haben, dann haben wir zu einer anderen beliebigen Zeit t′, die früher oder später als t sein kann, auch die Beziehung $\Psi(t') = a_1\Psi_1(t') + a_2 \Psi_2(t')$. Vgl. I, Prigogine, *Vom Sein zum Werden*, 1982, S. 74.

[232] Ein Operator ist im mathematischen Sinne eine Abbildung zwischen Bezugszuständen.

Ein anderer Unterschied zur klassischen Mechanik besteht in den ‚Wahrscheinlichkeitsamplituden'. In der Schrödingergleichung zeigen die Quadrate der Wahrscheinlichkeitsamplituden die Wahrscheinlichkeiten an, also alle Möglichkeiten, was mit einem Teilchen geschehen kann. Mit Hilfe der Rechnung mit Wahrscheinlichkeitsamplituden können wir über alle zukünftigen und vergangenen Möglichkeiten des Teilchens sprechen. Solange es sich allein um Möglichkeiten oder Wahrscheinlichkeiten handelt, ist die Quantentheorie deterministisch: Für jeden früheren oder späteren Zeitpunkt kann man die Wellenfunktion vollständig berechnen, weil die Berechnung auf der deterministischen Struktur der Schrödingergleichung beruht. Obwohl die Rechnung in der Quantentheorie durch das deterministische Verfahren durchgeführt wird, erhält der Begriff der Zukunft dort eine vollkommen andere Bedeutung als in Newtons Mechanik. Die Vergangenheit ist ein Faktum; sie ist abgeschlossen. Die Zukunft enthält dagegen verschiedene Möglichkeiten, die sich aus den Anfangsbedingungen und dem ‚Zeitpunkt' der Gegenwart ableiten lassen, wenn auch nicht streng deterministisch, sondern nur probabilistisch: Wir können nur mit gewissen Wahrscheinlichkeiten die Zukunft vorhersagen. Wenn man jedoch wissen will, was ‚tatsächlich' in einem Experiment geschieht, muss eine konkrete Messung vorgenommen werden. Jede Messung bedeutet eine faktische Festlegung zwischen einer der Möglichkeiten. Während die Quantentheorie von einer zeitlich umkehrbaren und determinierten Dynamik der Quantenzustände ausgeht, sind die Messungen und die Beobachtungen irreversible Prozesse, die damit auch eine Zeitrichtung auszeichnen. Durch die Messung wird die Struktur der Zeitumkehrbarkeit zerbrochen. Macht man eine Messung zum Aufenthalt eines Teilchens, befindet sich das Teilchen nur an einem Ort. Bei einer solchen Messung entsteht ein Übergang von einem Zustand, der alle Möglichkeiten enthält, zu einem, der den einen gemessenen Wert repräsentiert. Jede Messung enthält daher ein Element der Irreversibilität, einen Rückgriff auf irreversible Erscheinungen.[233]

Nach der Kopenhagener Deutung gibt es vor der Messung einen unendlichen Bereich des Möglichen, nach der Messung eine einzige Tatsächlichkeit. Die Messung verursacht eine Diskontinuität; das ist das Messproblem, bzw. der Zusammenbruch der Wellenfunktion. Bei dem Zusammenbruch der Wellenfunktion entsteht der Übergang von einer Form, die alle Mög-

---

[233] Vgl. L. Rosenfeld, *The Measuring Prozess in Quantum*, 1965, S. 222.

lichkeiten enthält, zu einer anderen, die den einen gemessenen Wert repräsentiert.
Sehen wir uns mit Hilfe eines Beispiels diese Eigenschaft der Messung etwas genauer an. Nehmen wir an, dass von einer Photonenquelle ein Lichtstrahl auf einen um 45 Grad nach unten geneigten, halbdurchlässigen Spiegel fällt, hinter dem sich ein Detektor befindet.[234]

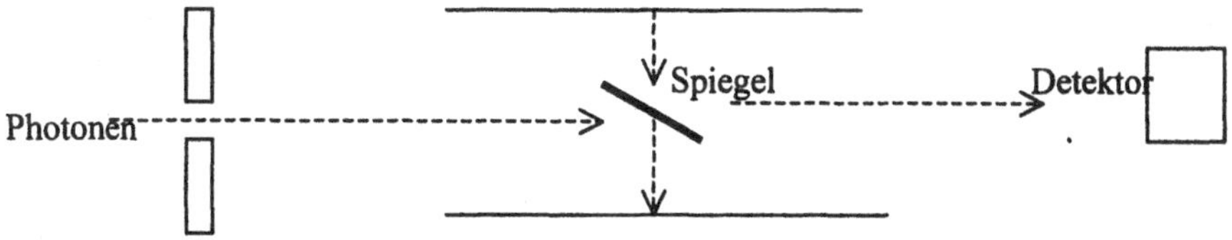


Abbildung 2.2: Durch dieses Experiment können wir den Charakter der Zeitasymmetrie erkennen.

Da der Spiegel nur halb durchlässig ist, gibt es eine Superposition von durchgelassenen und reflektierten Zuständen. Das bedeutet, dass ein von der Lichtquelle emittiertes Photon mit fünfzigprozentiger Wahrscheinlichkeit von dem Detektor registriert wird. Dieser Vorgang ist zeitasymmetrisch. Wir können fragen, wie hoch die Wahrscheinlichkeit ist, dass ein vom Detektor registriertes Photon von der Lichtquelle emittiert wurde. Für den zeitlich umgekehrten Vorgang existiert eine ganz andere Wahrscheinlichkeit, die sich aus einem völlig anderen Übergang, nämlich dem des zweiten Hauptsatzes der Thermodynamik, ergibt.[235]
Nehmen wir Schrödingers berühmte Katze, um den asymmetrischen Vorgang der Messung zu veranschaulichen. Hierbei geht es um eine Katze, die in einem Kasten eingesperrt ist. Nehmen wir an, dass in dem Kasten ein Photon emittiert wird, das auf einen halbdurchlässigen Spiegel trifft, und so mit fünfzigprozentiger Wahrscheinlichkeit von einem Detektor registriert wird; dieser löst, falls er anspricht, automatisch einen Gewehrschuss aus, der die Katze tötet. Registriert der Detektor jedoch kein Photon, bleibt die Katze am Leben. Die Wellenfunktion des Systems ist eine Superposition dieser beiden Möglichkeiten.[236] Unsere Wahrnehmung erlaubt uns nicht, bei den makroskopischen Superpositionen ‚tot und gleichzeitig lebendig'

[234] R. Penrose, *Quantentheorie und Raumzeit*, 2000, S. 94.
[235] Vgl. R. Penrose, *Quantentheorie und Raumzeit*, 2000, S. 95
[236] W /tote Katze) /Knall) + Z /lebendige Katze ) /kein Knall), wobei W und Z die Wahrscheinlichkeiten sind, in /Knall) und /kein Knall) für die Zustände der Umgebung stehen.(In diesem Fall $W = Z = 1/\sqrt{2}$)

zu sehen. Die Superposition ‚tot und zugleich lebendig' erklärt nicht, warum die Katze nach der Messung entweder lebendig oder tot sein muss.[237]

Bei der Messung herrschen ganz andere Bedingungen als bei der kontinuierlichen Entwicklung der Grundgrößen in abgeschlossenen Systemen: Von mehreren Möglichkeiten wird genau eine realisiert. Ein solcher Prozess kann offensichtlich nicht umgekehrt werden, weil aus einer Realisierung die vorherigen Möglichkeiten nicht wieder neu entstehen können.[238] Daher spielt die Zeit vor und nach der Messung eine ganz andere Rolle.

Der Messapparat zum Zeitpunkt t zeigt einen definierten Messwert an. Die lineare Schrödingergleichung kann den Messprozess nicht erklären, weil der Messvorgang nicht linear ist: Die Schrödingergleichung ist deterministisch, linear, lokal und zeitlich symmetrisch[239]: Während die Quantentheorie von einer zeitlich umkehrbaren und determinierten Dynamik der Quantenzustände ausgeht, sind Messung und Beobachtung irreversible Prozesse, die damit auch eine Zeitrichtung auszeichnen. Jede Messung enthält ein Element der Irreversibilität, einen Rückgriff auf irreversible Erscheinungen.[240]

### 2.3. Die Zeitstruktur der Chaostheorie und der Selbstorganisation

Die Zeitrichtungen der Chaostheorie und der Selbstorganisation beruhen auf der gleichen mathematischen Struktur. Betrachten wir zuerst die Bäcker-Transformation als ein Beispiel der Chaostheorie.

Die Bäcker-Transformation, die ein Beispiel eines chaotischen Systems ist, transformiert jeden Punkt in einen wohldefinierten neuen Punkt. Die Serie der auf diese Weise erhaltenen Punkte ist ‚deterministisch' (d.h. die Bewegung der Transformation ist bestimmt), doch zeigt das System unreduzierbare statistische Aspekte. Nehmen wir als Beispiel ein System, das durch eine Anfangsbedingung derart beschrieben wird, dass ein Gebiet A des Quadrats anfangs gleichförmig mit repräsentativen Punkten gefüllt ist. Es lässt sich zeigen, dass diese Fläche nach einer hinreichenden Zahl von Wiederholungen und Transformation in Teile zerlegt sein wird.

---

[237] Vgl. R. Penrose, *Quantentheorie und Raumzeit*, 2000, S. 99ff.

[238] Vgl. H. Genz, *Wie die Zeit in die Welt kam*, 2000, S.242.

[239] Vgl. R. Penrose, *Quantentheorie und Raumzeit*, 2000, S.94.

[240] Vgl. L. Rosenfeld, *The Measuring Prozess in Qunatum Mechanics*, 1965, S. 222.

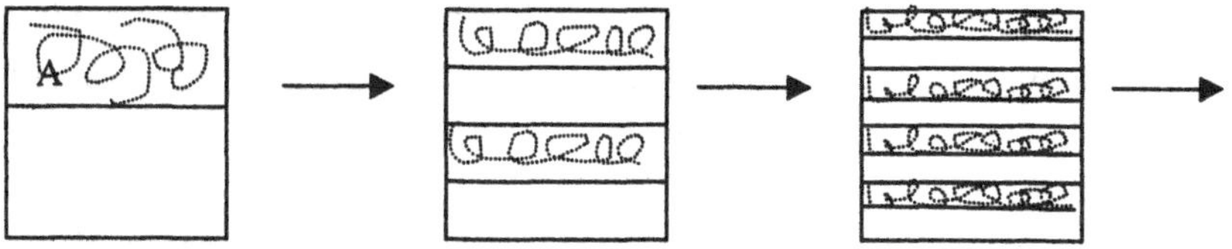


Abbildung 2.3: Das Anfangsgebiet A wird durch die Transformation in Teile zerlegt.

Der wesentliche Punkt unseres Beispiels ist, dass jedes Gebiet ungeachtet seiner Größe stets verschiedene Trajektorien enthält, die bei jeder Fragmentierung divergieren. Während die Entwicklung eines Punktes reversibel und deterministisch ist, hat die Beschreibung eines Gebietes grundsätzlich statistische Eigenschaften. Wenn ein Gebiet statt eines Punktes als die Betrachtungseinheit angenommen wird, ist die Entwicklung der Bäcker-Transformation nicht mehr kontinuierlich. In diesem Sinne ist die Bäcker-Transformation zeitirreversibel. Ein Gebiet kann sich in verschiedenen Richtungen entwickeln. Und die Zahl der Fragmentierung wird mit der Zeit exponentiell größer. Die zeitlichen Entwicklungsschritte zeigen sich darin, dass sich das Gebiet **A** durch erste Transformation in 2 Äste spaltet, durch die zweite Transformation in 4 Äste etc., allgemein in $2^n$ Äste bei jeder Transformation n.

Die Entwicklung bei der Bäcker-Transformation kann man durch die Bifurkation anzeigen. Man spricht dann von einer periodenverdoppelnden Bifurkationskaskade. Diese Bifurkation ist ein typischer Symmetriebruch. Dadurch entsteht eine Zeitrichtung. Wieso zeigt das Bifurkationsdiagramm, das die Entwicklung eines Systems darstellt, die Zeitrichtung an? An den Verzweigungspunkten ergeben sich unterschiedliche Lösungen, zwischen denen in einem probabilistischen Prozess gewählt wird. Im Fall der Abbildung 5.4 im Kapitel II werden 50% des Systems auf den Zweig $b_1$ und 50% auf den Zweig $b_2$ gehen. Einer ersten Verzweigung folgen im allgemeinen weitere Verzweigungen. Durch Verzweigungen erhält die Entwicklung eines Systems einen historischen Charakter. Wenn ein Punkt im Gebiet $c_1$ ist, muss der Punkt vorher unbedingt im Gebiet $b_1$ gewesen sein. Jeder Zweig hat eine verschiedene Geschichte. In diesem Sinne zeigt das Bifurkationsdiagramm die Zeitrichtung an.

Die gleiche Eigenschaft ergibt sich auch in der Selbstorganisation. Im Vergleich zur Thermodynamik, die zur Unordnung führt, geht das Selbstorganisationssystem zu einer neuen Ordnung über. Die Selbstorganisation erfordert ein offenes System, das mit seiner Umgebung Materie und Energie austauscht. Daher liegt das System fern vom Gleichgewicht. In dieser

Situation strebt das System zu einer neuen Ordnung. Als Beispiel dafür sind wir der chemischen Uhr begegnet. Die Thermodynamik beschreibt nur die Zeitrichtung durch das Anwachsen der Entropie. Aber die chemische Uhr entspricht nicht der Unordnung, sondern der neuen Ordnung. Die Thermodynamik allein reicht daher nicht aus, um diese Struktur zu erklären. Das Selbstorganisationssystem bildet fern ab vom thermischen Gleichgewicht spontan neue Formen und Eigenschaften aus.
Um die zeitliche Entwicklung des Systems geometrisch zu veranschaulichen, verwenden wir das Bifurkationsdiagramm.[241]

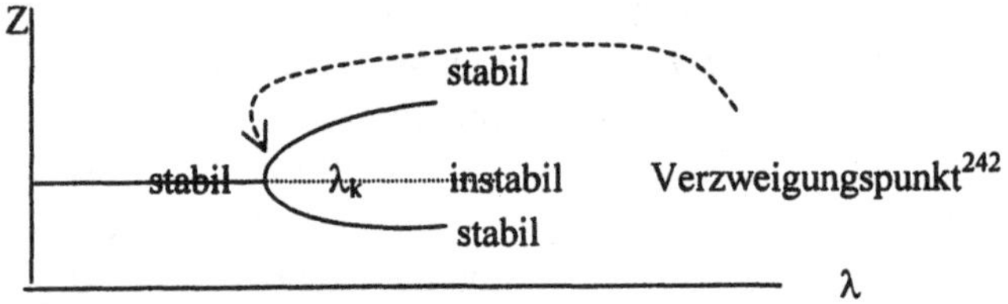


Abbildung 2.4: Die zeitliche Entwicklung des Chaossystems kann durch ein Bifurkationsdiagramm dargestellt werden.

Bei diesem Bifurkationsdiagramm wird die Zustandvariable z des Systems in Abhängigkeit vom Kontrollparameter $\lambda$ bei einen kritischen Wert $\lambda_k$ instabil. Das System schlägt in eine der beiden möglichen Entwicklungszweige um. An diesem Punkt entsteht ein Symmetriebruch in einem Gleichgewichtszustand, der zugleich Zeitirreversibilität zur Folge hat. Ein solches System ist unstetig und hat Verzweigungspunkte. Welcher dieser Wege beschritten wird, lässt sich nicht voraussagen: Das System wird im zeitlichen Ablauf indeterministisch. Alle Zustände, die aus der Verzweigung entstehen, ordnen sich durch nicht reproduzierbare Vorgänge.
Wenn wir unsere Ergebnisse über die Zeitstruktur zusammenfassen, ergibt sich folgendes,

| | NM | TD | QT | CT &SO |
|---|---|---|---|---|
| Zeitrichtung | nein | ja | ja | ja |

[241] K. Mainzer, *Zeit*, 1999, S. 81.
[242] An dem Verzweigungspunkt verlässt das System einen stationären Zustand und in einen anderen über.

## IV. Analyse der Theorien

Wie wir bis jetzt gesehen haben, enthalten alle Theorien mit Ausnahme von Newtons Mechanik eine Zeitrichtung: Bei der Thermodynamik ergibt sich die Zeitrichtung aus der Entropie, bei der Quantentheorie aus dem Zusammenbruch der Wellenfunktion und bei der Chaostheorie und der Selbstorganisationstheorie aus dem Bifurkationsdiagramm. Jede Theorie besitzt einen eigenen spezifischen Grund für ihre Zeitrichtung, weil die jeweils unterschiedlichen Theorien jeweils unterschiedliche Gegenstandsbereiche[243] enthalten[244] und demgemäss eigene Gesetzen. Diese Tatsache, dass die unterschiedlichen Theorien jeweils unterschiedliche theoretische Strukturen besitzen, können wir als logische Folge zusammen fassen:

1. logische Folge
- i) Eine Theorie ist eine gesetzmäßige Erklärung von Naturvorgängen.
- ii) Die verschiedenen Theorien enthalten verschiedene Naturvorgänge oder Gegenstände, die aufeinander nicht reduzierbar sind.
- iii) Deshalb besitzen die verschiedenen Theorien verschiedene gesetz -mäßige Strukturen.

Ausgehend von dieser ersten logischen Folge kann die Verschiedenheit der Zeitstruktur in Abhängigkeit der jeweiligen Theorien gefolgert werden:

2. logische Folge
- i) Die Zeitstruktur einer Theorie spiegelt ihre gesetzmäßige Struktur wider.
- ii) Jede einzelne Theorie hat ihre eigene spezifische gesetzmäßige Struktur.
- iii) Deshalb ist die Zeitstruktur einer jeden Theorie verschieden.

Nach dieser 2. logischen Folge enthält jede Theorie eine verschiedene Zeitstruktur trotz ihrer gemeinsamen Eigenschaft (Zeitrichtung). Das bedeutet, dass jeder Theorie verschiedene Gründe für die Zeitrichtung zugrunde liegen. Dieses Ergebnis sieht klar aus, aber es besitzt keinerlei philosophische Bedeutung. Philosophie ist eine Wissenschaft, die nach allgemeinen Gründen sucht. Unser bisheriges Ergebnis, dass die Zeitrichtung der verschiede-

---

[243] In der Naturwissenschaft nennt man die Naturvorgänge, die als Forschungsobjekte in einer Theorie betrachtet werden, den ‚Gegenstand'.

[244] Bei Newtons Mechanik sind dies die sichtbaren Körper, bei der Thermodynamik die Gasmoleküle, bei der Quantentheorie das Quantenobjekt und bei der Chaostheorie und der Selbstorganisation die offenen Systeme.

nen Theorien auf verschiedenen gesetzmäßigen Strukturen beruht, sagt sehr wenig über den allgemeinen Grund für die Zeitirreversibilität selbst aus. Trotz der verschiedenen Gründe müssen alle Theorien, die die Zeitrichtung zeigen, einen gemeinsamen Grund besitzen.

Jede naturwissenschaftliche Theorie ‚erklärt' ihren Gegenstand bzw. die Bewegung des Gegenstandes. Diese Erklärung wird in der Naturwissenschaft durch allgemeine Gesetze beschrieben[245] und diese Gesetze machen etwa Aussagen darüber, wie sich ein Körper bewegt. Beispiel hierfür sind die Newtonschen Bewegungsgesetze. In einer solchen Erklärung steckt jedoch neben der Bewegungsform noch mehr: Durch die Analyse dieser Erklärungen konnten wir im Kapitel III die Zeitstruktur, die jeweils auf einem spezifischen Grund beruht, in jeder einzelnen Theorie zeigen. Obwohl alle Theorien mit Ausnahme der Newtonschen Mechanik verschiedene Gründe für die angenommene Zeitstruktur angeben, folgt aus ihnen die Zeitirreversibilität. Im Kapitel III wird geschildert, wie eine Zeitrichtung in einer Theorie entstehen kann?'. Aber die Suche nach dem ursprünglichen Grund hat mit der Frage nach dem ‚Wie' wenig zu tun. Aristoteles definiert einen ‚Grund' als das, ‚was die Grundlage für Existenz, Entstehung oder Erkenntnis bildet'[246]. Nach dieser Definition ist die Frage nach dem ‚Wie' keine Frage nach dem Grund der Existenz, sondern die Frage nach einer Beschreibung der Existenz. Der ‚richtige' Grund muss auf die ‚Ursache' angeben – er ist die Antwort auf eine ‚Warum'-Frage. In diesem Sinne kann unsere Erklärung der Zeitrichtung keine richtige Ursache benennen. Andernfalls könnten wir sagen, dass die Zeitrichtung in einer Theorie aufgrund der unterschiedlichen gesetzmäßigen Strukturen entsteht. Aber das ist absurd. Die gesetzliche Struktur ist keine Ursache der Entstehung der Zeitrichtung.

Um den richtigen Grund zu finden, überprüfen wir zuerst die Eigenschaft der Zeitrichtung. Wir haben für die Analyse der Zeitstrukturen die jeweiligen Theorien als Grundmaterial benutzt. Daher scheint es so, als ob die Zeitrichtung lediglich eine aus der Analyse der Theorien abgeleitete Eigenschaft ist. Aber die Zeitrichtung wird nicht durch die Analyse der Theorie erzeugt, sondern sie ist eine Eigenschaft der Naturvorgänge selbst. Die Analyse der Theorien ist nur ein Beweis für die Existenz der Zeitrichtung. Die Zeitrichtung, wie wir schon am Anfang des Kapitels III gesehen haben,

---

[245] Vgl. H. Reichenbach, *Der Aufstieg der wissenschaftlichen Philosophie*, 1968, S.16.

[246] Aristoteles, *Metaphysik, Δ1.1012b32-2,1014a25*, zitiert nach J. Hirschberger, Die Geschichte der Philosophie, I. Teil, Freiburg 1981, S.19.

ist kein bloßer theoretischer Begriff, der allein aus den theoretischen Gesetzmäßigkeiten abgeleitet werden kann, sondern eine Eigenschaft der Naturvorgänge selbst, so dass der Grund der Zeitrichtung in den Naturvorgängen selbst gesucht werden muss. In diesem Sinne müssen wir zu den Naturvorgängen, d.h. zum Gegenstandsbereich der jeweiligen Theorie, zurückkehren. Diesen Grund fassen wir in folgender Folge zusammen:

3. logische Folge

i) Eine Theorie repräsentiert gesetzlich die regelmäßigen Bewegungen ihrer eigenen Naturvorgänge, die ihr Gegenstand genannt werden. (Das entspricht unserer zweiten Voraussetzung in Kapitel I).

ii) Die Struktur der Theorie verfügt über eine Zeitrichtung.

iii) Dann beruht die Zeitrichtung auf den Naturvorgängen.

Die Zeitrichtung repräsentiert also etwas in den Naturvorgängen selbst. Da wir aber die Naturvorgänge nicht unmittelbar untersuchen können, verwenden wir die Theorie als Hilfsmittel, um die Naturvorgänge zu analysieren und zu beschreiben. Erst durch die Analyse der Theorie erfahren wir etwas über die Eigenschaften der Naturvorgänge selbst, z.B. über die Zeitrichtung, die eigentlich zu den Naturvorgängen gehört.

Fassen wir unser vorläufiges Ergebnis zusammen: Eine Theorie ist eine gesetzmäßige Erklärung von Naturvorgängen. Jede Theorie hat eigene, spezifische Naturvorgänge zum Gegenstand und postuliert infolgedessen auch eine eigene, spezifische gesetzliche Struktur. Und zu dieser gehört auch die Zeitrichtung, die eigentlich zu den Eigenschaften der Naturvorgänge zählt. Veranschaulichen wir dieses Ergebnis graphisch, so ergibt sich die folgende Abbildung:

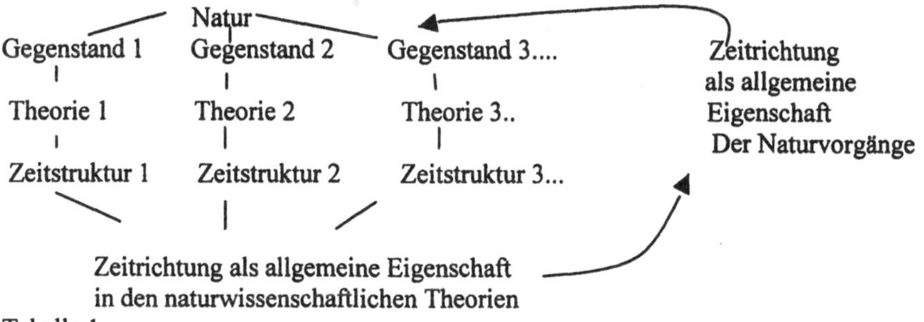


Tabelle 1

Nach dieser Abbildung entsteht die Zeitrichtung nicht erst in der theoretischen Struktur, sondern sie ist eine allgemeine Eigenschaft der Naturvorgänge selbst, die wir dennoch ‚nur' mit dem Hilfsmittel der Theorien analysieren und beschreiben können. In diesem Sinne können die mathematischen Eigenschaften der Theorien selbst nicht der Grund für die Zeitrichtung sein. Die Analyse der theoretischen Strukturen erklärt zwar, wie die Zeitrichtung in einer Theorie entsteht, doch da es hierbei nur um die „rationale Rekonstruktion von Begriffen" geht[247], können unsere bisherigen Überlegungen keine richtige Antwort auf die Frage nach der Ursache der Zeitrichtung geben. Für die Ursache der Zeitrichtung müssen wir zu den Naturvorgängen zurückkehren, weil die Zeitrichtung ursprünglich auf den Naturvorgängen beruht. Wir suchen daher nach Gemeinsamkeiten unter den Naturvorgängen, die die Gegenstandsbereiche der verschiedenen Theorien konstituieren.

4. logische Folge

- i) Jede Theorie hat ihren eigenen Gegenstand: Alle Naturvorgänge werden von den Theorien in verschiedene Gegenstandsbereiche aufgeteilt.
- ii) Alle Eigenschaften, die durch die Theorien repräsentiert sind, beruhen auf den jeweiligen Naturvorgängen.
- iii) Die Zeitrichtung, über die jede Theorie verfügt, beruht daher auf einer Eigenschaft des zugehörigen Gegenstandsbereiches selbst.
- iv) Folglich müssen alle Naturvorgänge im Hinblick auf Gegenstandsbereiche eine gemeinsame Eigenschaft in Sinne der Zeitrichtung besitzen.

Die Frage, welche Gemeinsamkeit die jeweiligen Gegenstandsbereiche nun genau besitzen, ist damit aber noch keineswegs beantwortet. Damit wollen wir uns im folgenden Abschnitt beschäftigen.

### 1. Die physikalische Irreversibilität

Im Zusammenhang mit der 4. logischen Folge werden wir die folgende Frage stellen: Was zeichnet die anderen Theorien im Vergleich zu Newtons Mechanik hinsichtlich ihres Gegenstandbereichs aus? Für die Antwort muss man die Eigenschaften des Gegenstandsbereiches in diesen Theorien genauer betrachten.

---

[247] H. Reichenbach, *Der Aufstieg der wissenschaftlichen Philosophie*, 1968, S.16.

Als Ausgangspunkt für die Suche nach dem Grund der Zeitrichtung nehmen wir also den Begriff ‚Gegenstandbereich'. Im weiteren fragen wir nach einer Gemeinsamkeit der ‚Gegenstandsbereiche' unserer Theorien, die über eine einheitliche Zeitrichtung verfügen, und was die Newtons Mechanik im Vergleich zu diesen nicht hat. Dafür müssen wir zuerst die konkret inhaltlichen Elemente jedes Gegenstandsbereiches überspringen, weil die Gegenstände aller Theorien inhaltlich keine Gemeinsamkeit enthalten. Dann haben wir nur eine einzige Auswahl, die Betrachtung der extensiven Eigenschaft der Gegenstände aller Theorien. Was für eine Gemeinsamkeit enthalten die Theorien in Bezug auf die Extension der Gegenstände? Was für eine extensive Eigenschaft in den Gegenständen verursacht die Zeitrichtung? Wie wir gesehen haben, bedeutet das Vorliegen einer Zeitrichtung die ‚zeitliche Irreversibilität' eines Naturvorgangs. Da die zeitliche Irreversibilität auf dem Naturvorgang (physikalischem Phänomen) beruht, muss auch das physikalische Phänomen irreversibel sein. Was bedeutet diese physikalische Irreversibilität in einem Gegenstandsbereich? Zur Beantwortung dieser Frage betrachten wir zuerst die Definition des Gegenstandes.
In der Naturwissenschaft ist der Gegenstandsbereich ein Sammelbegriff für die Dinge und Vorgänge, die physikalisch in gleicher Relation zueinander stehen. Anders ausgedrückt, ist ein Gegenstandsbereich eine Menge, deren Elemente eine physikalisch gleiche Eigenschaft besitzen, zu deren Klassifikation[248] wiederum die physikalische Homogenität angenommen wird. In diesem Sinne muss die physikalische Irreversibilität auf physikalischer Heterogenität beruhen. Eine Theorie kann daher auf der physikalischen Irreversibilität beruhen, wenn ihr Gegenstandsbereich physikalisch heterogen ist. Die physikalische Heterogenität des Gegenstandbereichs folgt aus physikalischen Unterschieden der Gegenstände in ihrem Bereich.
Dieses Resultat klingt logisch, weil Irreversibilität auf einer strukturellen physikalischen Asymmetrie in einer Theorie beruht. Eine solche Asymmetrie entsteht genau dann, wenn die Anzahl der ‚unterklassigen Gegenstandsbereiche' einer Theorie größer als eins ist (in unserem Fall sind es zwei). Die zwei unterklassigen Gegenstandsbereiche verursachen einen physikalisch asymmetrischen ‚Übergangspunkt' oder eine ‚Übergangsphase'. Der Übergangspunkt ist der Ort, an dem sich die beiden ver-

[248] Es gibt im Alltagsleben folgende drei Gegenstandbereiche, der mikro-, makro- und der mesoskopische. In der Naturwissenschaft ist die Klassifikation nach der Größe der Gegenstände nicht üblich. Vgl. Vesa Ottinen, *Gegenstand*, 1990, S. 250-255.

schiedenen physikalischen Phasen treffen, wobei der Ausdruck ‚Phase' in der Physik zur Beschreibung eines zeitlich oder physikalisch begrenzten Zustandes verwandt wird. Demgemäss ist es deutlich, eine Theorie, die zwei unterklassige Gegenstandsbereiche enthält, Zeitirreversibilität aufweist. Unsere verbleibende Aufgabe ist dann, die Anzahl der unterklassigen Gegenstandsbereiche in einer Theorie zu untersuchen.

### 1.1. Der eine unterklassige Gegenstandsbereich in Newtons Mechanik

In Newtons Mechanik gibt es nur einen Gegenstandsbereich; alle Gegenstände in Newtons Mechanik sind physikalisch identisch. Newtons Gesetze zeigen keinen Hinweis auf einen bestimmten Größenmaßstab der von ihnen beschriebenen Phänomene. Sie können ebenso auf die Bewegung von Atomen wie auf die von Planeten oder Sternen in einer Galaxie angewandt werden. Jeder Körper, wie groß er auch sei, hat eine Masse und ist daher eine Quelle Newtonscher Gravitationskräfte. In diesem Sinne hat Newtons Mechanik nur einen Gegenstand mit einem unterklassigen Gegenstandsbereich.

### 1.2. Die zwei unterklassigen Gegenstandsbereiche der Thermodynamik

Im Vergleich zur Newtonschen Mechanik stellt die Thermodynamik eine Beziehung her zwischen der mechanischen Bewegung auf der mikroskopischen Ebene und den makroskopischen Eigenschaften (Temperatur, Druck etc.). Die Thermodynamik versucht diese makroskopischen Eigenschaften durch die mikroskopischen Bewegungen zu erklären, wobei die mikroskopische Bewegung allein auf der Umwandlung von kinetischer Energie beruht. Auf der makroskopischen Ebene geht es demgegenüber um die Beziehungen zwischen den Mittelwerten der mikroskopischen Vorgänge. Der Übergang von der mikroskopischen zur makroskopischen Welt ist jedoch irreversibel, weil bei diesem Übergang der Wahrscheinlichkeitsbegriff eingefügt wird.
Dieser irreversible Übergang wird in der Thermodynamik als Entropie bezeichnet; sie verbindet die mikroskopische und die makroskopische Welt. Thermodynamische Vorgänge sind irreversible Veränderungen hin zu Zuständen von wachsender Wahrscheinlichkeit. Der Endzustand ist schließlich der makroskopische Zustand mit der größten Wahrscheinlichkeit. Bei diesen Vorgängen hat die mikroskopische Ebene ihre eigenen physikalischen Gesetze (die kinetische Bewegung), während

die makroskopische Ebene andere besitzt. Beide Ebenen sind allein durch den Wahrscheinlichkeitsbegriff verbunden. In diesem Sinne besitzt die Thermodynamik zwei unterklassige Gegenstandsbereiche.

### 1.3. Die zwei unterklassigen Gegenstandsbereiche der Quantentheorie

Die Quantentheorie ist ein Forschungsfeld, das sich mit Zusammenhängen beschäftigt, die noch jenseits der mikroskopischen Welt liegen. Die Phänomene dieser Welt der Quantentheorie sind sehr merkwürdig: Ihre Gesetze passen nicht zur makroskopischen Welt. Und dennoch müssen wir makroskopische Instrumente verwenden, um die Welt der Quantentheorie analysieren und beschreiben zu können; diese makroskopische Messung erzeugt eine Verbindung von mathematisch-theoretischer Form und Quantenwelt. In diesem Sinne gehört auch die makroskopische Welt zur Quantentheorie. Ohne die makroskopische Messung könnten wir über die Zusammenhänge im Atominneren keine Aussagen machen. Die Messung ist daher ein Übergangspunkt zwischen der mikro- und der makroskopischen Welt. Aber das Messungs-verfahren kann auf die mikroskopische Beschreibung nicht reduziert werden. Deshalb besitzt auch die Quantentheorie zwei unterklassige Gegenstandsbereiche.

### 1.4. Die zwei unterklassigen Gegenstandsbereiche in der Chaostheorie und der Theorie der Selbstorganisation

Die Unterschiede von mikroskopischen und makroskopischen Zustandbewegungen sind eines der wichtigsten Merkmale der Selbstoganisation. Nehmen wir als Beispiel die Bénard-Konvektion oder die chemische Uhr. Auf der mikroskopischen Ebene bewegen sich die kleinen Teilchen ungeordnet. Im Gegensatz dazu entsteht auf der makroskopischen Ebene eine hoch organisierte Bewegungsform: Bei der Bénard-Konvektion erscheint sie in den sechseckigen Bereichen und bei der chemischen Uhr im Farbwechsel. Diese makroskopische Ordnung nennt man spontane Selbstorganisation.
Der Übergang zwischen der mikroskopischen und makroskopischen Ebene ist kein kontinuierlicher Vorgang. Hier tritt ein Symmetriebruch ein, der auch im Bifurkationsdiagramm ausgedrückt wird. Vor einem Verzweigungspunkt gibt es nur einen möglichen Weg für ein Phänomen; an dem Verzweigungspunkt sind es jedoch mehrere mögliche Wege. Deshalb liegt hier eine sprunghafte Überschreitung vor. Da diese

strukturbildenden Vorgänge zu den Eigenschaften der Selbstorganisation gehören, verfügen die Chaostheorie und die Selbstorganisation in diesem Sinne ebenfalls über zwei unterklassige Gegenstandsbereiche.
Wenn wir unsere Ergebnisse zusammenfassen, ergibt sich die folgende Tabelle.

| | N.M. | T.D. | Q.T. | C.T. & S.O. |
|---|---|---|---|---|
| Zeitrichtung | nein | ja | ja | ja |
| Zwei unterklassige Gegenstandsbereiche | 1 | 2 | 2 | 2 |

Tabelle 2

## 2. Die Entstehung des Neuen

Bis jetzt haben wir gesehen, wie eng die Zeitrichtung (die zeitliche Irreversibilität) mit den unterklassigen Gegenstandsbereichen (der physikalischen Irreversibilität) verbunden ist. In Newtons Mechanik gibt es keine solche physikalische Irreversibilität: Die Bewegungen können unendlich zerlegt und addiert werden: Die Bewegungen sind rein mechanisch, d.h. kontiuierlich, reduzierbar und umkehrbar. Das Ganze ist nichts anders als eine bestimmte Zusammensetzung von Teilen[249]: Deshalb ist die Newtons Mechanik kontinuierlich, reduzierbar und umkehrbar. Diese Eigenschaften entspricht genau der quantitativen Veränderung: Der Prozess der quantitativen Veränderung enthält keine physikalische Irreversibilität, weil die Irreversibilität eine Grenze bedeutet, an der die monotone Zerlegung angehalten werden muss. An dem Punkt des Sprungs sind die gleichen physikalischen Vorgänge nicht mehr möglich. Dort verändert sich die Qualität der Vorgänge: Der qualitativen Veränderung entspricht daher die zeitliche und physikalische Irreversibilität.
Diese Veränderungen sind in den meisten Naturvorgängen vorhanden[250]. Wie wir wissen, entsteht beispielsweise aus einem Samen ein großer Baum. Diese Veränderung beruht auf einem synthetischen Prozess. Eine qualitative Veränderung kann mit Hilfe der reversiblen Teilbarkeitseigenschaft nicht erfasst werden. Das Ganze ist mehr als die Summe seiner Teile.

---

[249] Vgl. Aristoteles, *Kategorien*, 1974, Kategorien-6.4b20; Er definiert Quantität als das, was ‚aus Teilen besteht'.
[250] Unter Qualität versteht Aristoteles das, vermöge dessen etwas so oder so beschaffen heißt. Kategorien-8.8b34.

Obwohl die physikalische Irreversibilität für die Erläuterung der qualitativen Veränderung wichtig ist, ist sie nur eine der notwendigen Bedingungen für diese Veränderung: Wenn eine Theorie nur die physikalische Irreversibilität enthält, kann sie die qualitative Veränderung nicht hinreichend erklären. Die qualitative Veränderung ist mehr als zeitliche und physikalische Irreversibilität. Zwei Zustände, die auf der zeitlichen und physikalischen Irreversibilität beruhen, können verschiedenartig verbunden werden. Unter den verschiedenen Verbindungsarten muss die Verbindung bei der qualitativen Veränderung die Entstehung des Neuen garantieren. Das bedeutet, dass der frühere Zustand in einem Entwicklungsprozess als Ursache für den späteren Zustand fungieren muss. Die Bedeutung der Entstehung des Neuen ist nicht eine einfache Irreversibilität, sondern eine Art ‚Schöpfung'. Der Zusammenhang zwischen beiden Zuständen muss daher auf einer Art embryologischen Ursache-Resultat-Beziehung beruhen.
Im Hinblick auf diesen Zusammenhang betrachten wir die übrigen Theorien. Die Verbindung der zwei unterklassigen Gegenstandsbereiche in der Thermodynamik ist keine Ursache-Resultat-Verbindung. Mikro- und makroskopische Zustände beruhen auf den gleichen Phänomenen. Nur die Erklärungsformen sind andere. Eine benutzt die mikroskopische Methode, die andere die makroskopische Methode. Die zwei Gegenstandsbereiche werden nicht kausal verbunden. Daher leistet diese Verbindung in der Thermodynamik nichts für die Entstehung des Neuen. Im Gegensatz dazu genügen die Beziehungen zwischen den unterklassigen Gegenstandsbereichen in den anderen Theorien (Quantentheorie, Chaostheorie und Theorie der Selbstorganisation) der Voraussetzung für die Ursache-Resultat Beziehung. Die zwei unterklassigen Gegenstandsbereiche in der Quantentheorie stehen in einer Art embryologisch kausalen Beziehung. Die Wellenfunktion über den mikroskopischen Bereich beschreibt den Zustand vor der Messung. Und das makrokopische Ergebnis entsteht aufgrund dieses Zustandes. Der von der Wellenfunktion beschriebene Zustand ist daher die em- bryologische Ursache für das Messungsergebnis. In der Chaostheorie und der Theorie der Selbstorganisation ist die Verbindung zwischen dem Mikro- und dem Makrozustand kausal. Wie wir wissen, beschreiben die beiden Theorien eine makroskopische Ordnung, die auf einer mikroskopischen Bewegung beruht.
Obwohl die übrigen Theorien diese Voraussetzung enthalten, erfüllen sie nicht die hinreichenden Bedingungen für eine ‚wissenschaftliche' Theorie der Entstehung des Neuen. Eine naturwissenschaftliche Theorie, die die qualitative Veränderung beschreiben kann, muss außerdem noch ein Prin-

zip enthalten, das die Entstehung des Neuen durch Gesetze, z.B. durch die zeitliche und physikalische Parameter, erklärt. Wir nennen dies ein ‚Ordnungsprinzip'. Ohne dieses Ordnungsprinzip kann man nicht sagen, dass eine Theorie die qualitative Veränderung ‚wissenschaftlich' erklärt. Nur die Theorien, die die zeitliche und physikalische Irreversibilität, die Möglichkeit zur Entstehung des Neuen und ein Ordnungsprinzip enthalten, können die qualitative Veränderung, die das Neue hervorbringt, wissenschaftlich erklären.

## 3. Das Ordnungsprinzip

### 3.1. Das Ordnungsprinzip und die Thermodynamik

Betrachten wir zuerst das Ordnunsprinzip der Thermodynamik. Die Thermodynamik ist nur die einfache physikalisch-gesetzmäßige Verbindung zwischen zwei verschiedenen Ebenen. Sie erklärt die Verbindung zwischen den mikroskopischen Gasmolekülen und den makroskopischen Größen (z.B. Temperatur, Druck etc.) und schematisiert die Beziehung zwischen der mechanischen Bewegung der mikroskopischen Ebene und den makroskopischen Eigenschaften. Diese Verbindung wird durch den Wahrscheinlichkeitsbegriff ausgedrückt, aus dem sich ein ‚Sprung' ergibt. Deshalb enthält die Thermodynamik eine Zeitrichtung. Aber damit allein kann sie die qualitative Veränderung nicht erklären, dafür braucht sie noch das ‚Ordnungsprinzip' als das Prinzip, welches die Entstehung der neuen Raum- und Zeitstruktur eines Systems erklären kann.

Die Entropie ist ein Maß des Übergangs von der mikroskopischen zur makroskopischen Welt. Sie bewirkt in der Thermodynamik auch eine Veränderung von Ordnung zu Unordnung. Durch die irreversible Entropiezunahme kann eine wachsende molekulare Unordnung gemessen werden. Der physikalische Begriff der Unordnung, bzw. der thermodynamische Begriff der Unordnung, bezieht sich auf die große Zahl der verschiedenen Möglichkeiten: Die Vielzahl der verschiedenen Möglichkeiten ist das Maß für die Unordnung.

Nehmen wir ein Beispiel: Es gibt ein Modell eines Gases, das aus vier Gasmolekülen besteht, die von 1 - 4 durchnummeriert sind und auf zwei Kästen verteilt sind. Dann gibt es nur eine einzige Möglichkeit, dass sich alle vier Moleküle in einem Kasten befinden (Abbildung a). Im Vergleich dazu gibt es sechs Möglichkeiten, die Moleküle auf zwei Kästen gleichmäßig zu verteilen (Abbildung b).

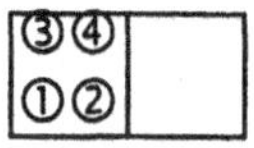

(a)

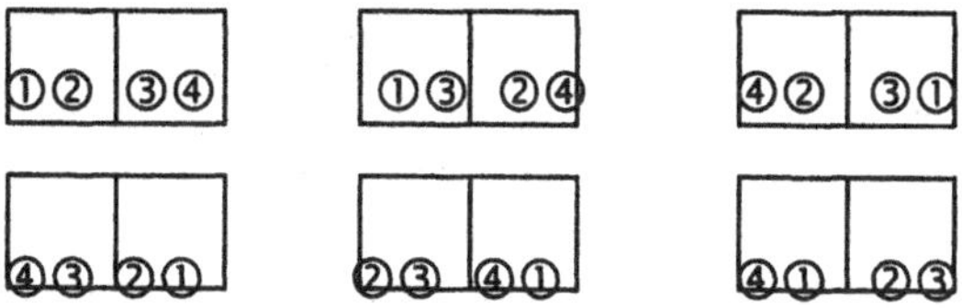

(b)

Dies ist die Unordnung, nach der die Natur strebt. Die Entwicklung der Natur erfolgt in die Richtung, in der die Entropie am größten ist, d.h. hin zum gleichverteilten Zustand. Wenn wir dieses Phänomen graphisch beschreiben, ergibt sich Folgendes:

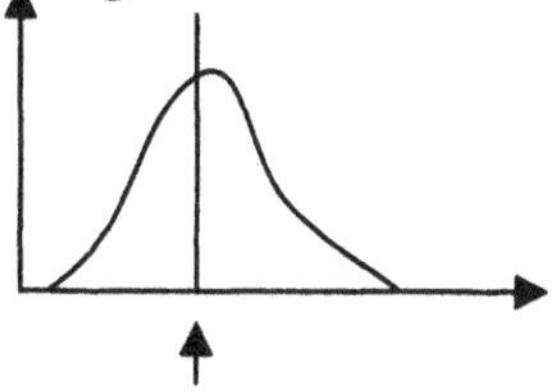


Das Maximum der Kurve, die sich in gleicher Weise bei einer Vielzahl von Verteilungen („Gaußsche Normalverteilung") ergibt, zeigt den gleichverteilten Zustand.

Die anfängliche Ordnung wird im Laufe der Zeit zerstört: Die Menge der Teilchen, die sich ursprünglich in einem Teilgebiet des Systems befunden haben, oder die Verteilung der Geschwindigkeiten, die sich aus der Messung von zwei Gasen mit unterschiedlicher Temperatur ergibt, wird „vergessen". Dieses „Vergessen" beruht darauf, dass das System, gleichgültig wie es die Entwicklung durchläuft, schließlich in einem der mikroskopischen Zustände endet, die dem makroskopischen Zustand der Unordnung und maximaler Symmetrie, dem Gleichgewichtszustand, entsprechen. Die Entwicklung des Systems wird ungeachtet der Anfangsverteilung stets zu der Gleichverteilung führen. Unabhängig von den Anfangsbedingungen erreicht das System schließlich den von den Randbedingungen bestimmten Zustand.

Die Thermodynamik verbindet daher einfach die mikroskopische molekulare Bewegung mit den makroskopischen Größen und erklärt den Übergang der beiden Ebenen nicht: Die einfache Verbindung kann die neue Ordnung bzw. die neue raum- und zeitliche Struktur nicht erklären.

### 3. 2. Das Ordnungsprinzip und die Quantentheorie

Im Vergleich zur Thermodynamik ist die Quantentheorie vollkommen verschieden. Betrachten wir zuerst die Behandlung von Diskontinuitäten in der Quantentheorie: Nach dem Heisenbergschen Unschärfeprinzip tritt bei der Messung des Ortes x und des Impulses p eines Teilchens stets eine Ungenauigkeit $\Delta x$ bzw. $\Delta p$ auf derart, dass deren Produkt mindestens so groß wie das Plancksche Wirkungsquantum ist. Diese Ungenauigkeit, die durch Messungen bestätigt wird, kann gemäß der Quantentheorie niemals unterschritten werden. Die Quantentheorie ist Forschung, die sich zwar mit der mikroskopischen Welt beschäftigt, aber wir benötigen dennoch ein makroskopisches Instrument, um Vorgänge in der mikroskopischen Welt zu messen. Ohne makroskopische Messung können wir die Eigenschaften der mikroskopischen Welt nicht erkennen. Daher führt die Quantentheorie in zwei verschiedene Welten ein, die bei der Messung zusammentreffen. Die Messung ist daher der Übergangspunkt zwischen der mikro- und der makroskopischen Welt. Am Übergangspunkt tritt immer ein Sprung auf. n diesem Sinne enthält auch die Quantentheorie eine Zeitrichtung.

Wie ist es aber hier mit dem Ordnungsprinzip? Die Quantentheorie sagt, dass wir die mikroskopischen Phänomene nicht direkt beobachten können und vor der Messung eigentlich keine festen Eigenschaften wie Ort und Impuls existieren. Diese Eigenschaften sind mindestens zum Teil ein Ergebnis unserer Messung. In diesem Sinne ist unsere Messung ein schöpferischer Akt: Durch die Messung entsteht eine messbare Eigenschaft des Teilchens. Daher ist das Messungsverfahren selbst ein Ordnungsprinzip, weil in und mit der Messung die neu entstehende Eigenschaft erzeugt wird. Aber wie wir gesehen haben, ist das Ordnungsprinzip in der Quantentheorie eine statistische und mechanische Erklärung, weil die grundlegende Gleichung für diese Erklärung Schrödingers eine lineare Wellenfunktion ist. Mit dieser Wellenfunktion können die Quantenphänomene nur statistisch und mechanisch erklärt werden: Die entstehende Eigenschaft ist in der Quantentheorie nur eine Verwirklichung unter verschiedenen Möglichkeiten. Die Grundidee dieses Prinzips entspricht Newtons Mechanik. Innerhalb dieses Prinzips kann die Entstehung von Neuem im qualitativen Sinne nicht vorkommen. Die Quantentheorie kann die qualitative Veränderung nicht erklären. Da ihr Ordnungsprinzip auf einer ähnlichen Gleichung wie Newtons Mechanik beruht, stößt auch sie bei der Erklärung qualitativer Veränderung an eine Grenze.

### 3.3.Das Ordnungsprinzip der Chaostheorie und der Selbstorganisationstheorie

Betrachten wir jetzt die Chaostheorie und die Theorie der Selbstorganisation. Die Frage, ob die Chaostheorie und die Theorie der Selbstorganisation sich auf diskontinuierliche Phänomene beziehen, können wir ohne Schwierigkeit beantworten: Beide Theorien sind naturwissenschaftliche Bemühungen, die Entstehung einer neuen Struktur eines Systems zu erklären. Den Punkt, an dem die mikroskopischen Bewegungen im Gegensatz zur vorherigen Bewegung plötzlich einer völlig neuen Form entsprechen, nennen wir den Bifurkationspunkt. Welchen Weg der möglichen Bifurkationszweige ein Phänomen nimmt, hängt allein vom Zufall ab. An diesem Punkt entsteht eine ganz neue räumliche und zeitliche Struktur. Die zukünftige Eigenschaft ist ganz anders als die vergangene. Wenn wir durch die analytische Methode das Ganze zerlegen, verschwindet die globale Eigenschaft, weil sich die analytische Methode nur auf einzelne Elemente konzentriert. Aber die Chaostheorie und die Theorie der Selbstorganisation benutzen keine analytische, sondern eine synthetische Methode. Die Chaostheorie und die Theorie der Selbstorganisation konzentrieren sich auf die Wechselwirkung zwischen den Elementen und führen zu zielgerichteten Handlungen.[251]

Daher versuchen die Chaostheorie und die Theorie der Selbstorganisation die neue Ordnung, die auf die untere mikroskopische Ebene nicht reduzierbar ist, zu schematisieren. Der zentrale Begriff für dieses Verfahren ist die Nicht-Linearität. Die Beziehung zwischen Ursache und Ergebnis ist nicht eine lineare, sondern eine rückgekoppelte Verbindung: Das Ergebnis beeinflusst die Ursache. Aber nicht nur das, darüber hinaus entsteht auch unvermittelt eine neue Ordnung. Zwischen der alten mikroskopischen Ordnung und der neuen makroskopischen Ordnung gibt es einen Sprung. Obwohl wir normalerweise den kritischen Wert des Sprungs vorhersagen können (z.B. bei der Bénard-Konvektion beträgt er $\Delta T_k$ ), beherrscht der Zufall alle chaotischen Phänomene. Wir können nicht genau vorhersagen, in welche Richtung sich die neue Ordnung entwicken wird. Bei der Bénard-Konvektion können die Bénard-Zellen links- oder rechtsdrehend

[251] Vgl. F. Mussmann, *Komplexe Natur - Komplexe Wissenschaft. Selbstorganisation, Chaos, Komplexität?*,1995, S. 64.

sein und bei der Bifurkation können wir nie wissen, welchen Weg die Entwicklung nimmt etc. Der Zufall gehört zur Natur.

Trotz dieses Hindernisses versuchen die Chaostheorie und die Theorie der Selbstorganisation, die Entstehung des Neuen zu erklären. Wir sollten vielleicht sagen, dass der Zufall nicht eine Grenze für unser Wissen über Natur darstellt, sondern eine Lösung für unsere Suche nach dem Geheimnis der Natur darstellt. In Verbindung mit dem Zufall konstruieren die Chaostheorie und die Theorie der Selbstorganisation ein neues Ordnungsprinzip. Deshalb sind sie die einzigen Theorien, die das ‚Werden' erklären können. Wenn wir unsere Ergebnisse schematisieren, ergibt sich die folgende Tabelle.

| | Zeitliche Irreversibilität | Physikalische Irreversibilität | Entstehung des Neuen | Ordnungsprinzip |
|---|---|---|---|---|
| N.M. | nein | nein | nein | nein |
| T.D. | ja | ja | nein | nein |
| Q.T. | ja | ja | ja | nein |
| C.T. & S.O. | ja | ja | ja | ja |

Tabelle 3.

### 3.4. Fazit

Wie wir behauptet haben, muss eine physikalische Theorie, die qualitative Veränderungen erklären kann, die folgenden Bedingungen erfüllen, bzw. Merkmale aufweisen: Sie muß zeitliche und physikalische Irreversibilität implizieren, die Entstehung des Neuen zulassen und ein Ordnungsprinzip enthalten. Um die qualitative Veränderung zu erklären, benötigt eine Theorie zunächst zwei verschiedene unterklassigen Gegenstandsbereiche, weil sie notwendigerweise physikalisch andere Eigenschaften enthaltende Gegenstandsbereiche voraussetzen muss. Darauf beruht der Symmetriebruch. Die Zeitrichtung gibt demgegenüber die Richtung des Entwicklungsprozesses an: Der Prozess kann nicht zur Vergangenheit zurückkehren, er ist einmalig.

Qualitative Veränderung ist ein synthetisches Ergebnis der zeitlichen und physikalischen Irreversibilität. Der neue Zustand unterscheidet sich physikalisch und zeitlich vom Vorherigen, wobei das Ordnungsprinzip diese physikalische und zeitliche Verschiedenheit erklärt. Der Charakter des Ordnungsprinzips, das eine Theorie enthält, entscheidet darüber, ob sie qualitative Veränderung erklären kann. Wenn das Ordnungsprinzip nur statistisch ist, kann die Theorie qualitative Veränderungen nicht beschreiben, weil die statistische Methode die neue physikalische und zeitliche Ordnung nicht erklären kann. Nach diesem Kriterium sind die Chaostheorie und die Selbstorganisationstheorie bis jetzt die einzigen Theorien, die alle genannten Bedingungen erfüllen.

Beantworten wir nun unsere anfängliche Frage, ob es eine Entwicklung in den Theorien der Naturwissenschaft gibt. Aufgrund unserer bisherigen Erläuterungen können wir dies bejahen: Es gibt eine sukzessive Entwicklung unter den naturwissenschaftlichen Theorien. Laut Tabelle 4 entwickeln sich die naturwissenschaftlichen Theorien ausgehend von Newtons Mechanik bis zu der Chaostheorie und der Theorie der Selbstorganisation stufenweise: Newtons Mechanik bezieht sich auf Systeme, die keine zeitliche und physikalische Irreversibilität aufweisen, keine ‚Entstehung des Neuen' kennen und auch kein Ordnungsprinzip enthalten. Aus der Thermodynamik folgt zwar eine Zeitrichtung und ein physikalischen Symmetriebruch, aber sie thematisiert nicht die ‚Entstehung des Neuen' und enthält kein Ordnungsprinzip. Der Quantentheorie fehlt lediglich ein Ordnungsprinzip, während Chaostheorie und Selbstorganisationstheorie alle Bedingungen erfüllen. Deshalb können allein die Chaostheorie und die Selbstorganisation die Entstehung des Neuen, die wichtigste Eigenschaft der Natur, erklären. Dies könnte auch ein Hinweis auf die Art und Weise sein, wie sich die Naturwissenschaft entwickelt.

### V. Philosophische Bedeutung

Weil der Mensch Teil der Natur ist und sie ihm Lebensraum und Lebensgrundlage zugleich darstellt, ist sie für ihn stets auch ein faszinierendes Forschungsobjekt. Nur vor diesem Hintergrund kann überhaupt sinnvoll von einem Mensch-Natur-Verhältnis gesprochen werden: Eine in einem radi- kalen Sinne nicht-menschliche oder un-menschliche Natur kann weder erkannt und verstanden noch auch nur vorgestellt werden.[252] Je besser wir die Natur verstehen, desto besser verstehen wir auch uns selbst. In diesem Sinne ist die Natur der beste Lehrer, der all unsere Fragen beantworten kann. Dennoch ist unser Wissen über die Natur begrenzt.

Seit Newton war man fasziniert, hinter aller Unregelmäßigkeit der Erscheinungen die einfache Regelmäßigkeit mechanischer Gesetze zu entdecken. Damals erschien Wissenschaftlern die Natur als eine sich ständig wiederholende Maschine. Die Natur mochte komplex sein, ihre Gesetze, die durch Wissenschaftler dargestellt wurden, jedoch waren einfach.

Irregularität wurde hierbei als störender Faktor ausgeblendet. Die Einfachheit hinter dem Komplexen wurde gesucht und die Welt in überschaubare Teile zerlegt. Nach dieser Vorstellung war die belebte wie unbelebte Natur ein einziges Uhrwerk, das mit absoluter Regelmäßigkeit funktioniert. In Newtons Mechanik – das heißt, ihrer im 18. Jh. entwickelten kanonisierten Form – entspricht die Natur perfekter Ordnung. In dieser Welt sind die nicht in dieses Bild passenden Eigenschaften der Natur, die Irregularität und die Unordnung, nur störender Nebeneffekt. Dennoch enthielt dieses Programm der Welterklärung einen entscheidenden Mangel. Denn zwischen der theoretisierbaren d.h. wissenschaftlich behandelbaren und der erlebbaren Welt klafft eine Lücke: Die wissenschaftlich behandelbare Natur konnte die erlebbare Natur nicht erklären. Die erlebbare Natur ist kein Uhrwerk, sondern ein schöpferisches Wesen; sie erzeugt Neues. Aber die Uhrwerk-Vorstellung der Natur übersah diese Eigenschaft, die mit der Unordnung eng verbunden ist. Die moderne Chaosforschung behandelt die Irregularität und die Unordnung der Natur nicht als Anomalie, sondern als Normalfall. Sie erforscht die neue Ordnung in der Unordnung und sucht nach den regulären Gesetzen in der Irregularität. Dadurch kann die Chaosforschung zur Erkenntnis gelangen, dass die schöpferische Fähigkeit der Natur auf der Unordnung oder der Irregularität beruht. Allein die Chaosforschung macht die wichtigste Eigenschaft der Natur, die qualitative

[252] Vgl. J. Kirchhoff, *Räume, Dimensionen, Weltmodelle*, 1999, S. 30.

Veränderung, zum Thema der Wissenschaft[253] und erforscht diese Gesetze. Die Chaostheorie und die Selbstorganisationstheorie zeigen uns eine neue Alternative für die Erforschung der Natur an. Als einzige naturwissenschaftliche Theorien verfügen sie über ein Ordnungsprinzip in der Unordnung und damit über den Schlüssel zum ,Geheimnis der Natur'. Und bei diesem Ordnungsprinzip spielt der Zufall eine wichtige Rolle. Vielleicht kann die Natur wegen dieser Eigenschaft ihre eigene ,Schöpfungsfähigkeit' erhalten.

Die Natur ist daher keine ,langweilige Maschine', sondern sie wird zu einem ,lebendigen Wesen'. Obwohl wir als Preis für die neue Sichtweise der Natur auf genaue Vorhersagen verzichten müssen, ist das nicht tragisch, weil wir uns dem Geheimnis der Natur nähern können. Die Natur ist vom menschlichen Standpunkt aus ,nicht genau' unvorhersehbar. Aber diese Unvorhersagbarkeit bringt uns eine reichere Naturvorstellung.

Ich würde meine Arbeit gerne mit folgenden Sätzen beenden: „Es sind also drei Entwicklungen in der modernen Wissenschaft, die den Laplaceschen Dämon, den klassischen Determinismus und damit die traditionelle Ordnungssuche ganz entscheidend in Frage stellen: Quantenphysik, Algorithmentheorie und Chaostheorie. Für manchen mag dies eine Enttäuschung sein. Aber vielleicht ist ja eine Welt sogar menschlicher, in der nicht alles determiniert und alles berechenbar ist, eine Welt, in der es Zufall und damit auch Glück gibt, in der Phantasie und Einfallsreichtum, Raten und Probieren, Kreativität und Originalität noch gefragt sind und in der man auch bei chaotischem Verhalten immer noch sinnvoll nach einfachen Grundgesetzen suchen kann."[254]

[253] Vgl. G. Küppers, *Chaos: Unordnung s im Reich der Gesetze*, 1997, S. 158.
[254] G. Vollmer, *Ordnung ins Chaos?*, S. 350.

## VI. Literaturverzeichnis

Acheson, David, Vom Calculus zum Chaos, München 1999.

Agnotos, Andreas, Grundzüge einer neuen möglichen allumfassenden Theorie, Bochum 2000.

Angerer, Johann, Die Zeit, ein Irrtum der Physik, Norderstedt 2000.

Arendes, Lothar, Gibt die Physik Wissen über die Natur? Würzburg 1992.

Aristoletels, De Generatione et Corruptione, in: J.Judycka (Ed.), Aristoteles Latinus IX 1, Bruxelles 1986.

Aristoteles, Kategorien, übers. v. Eugen Rolfes, Hamburg 1974.

Audretsch, J./Mainzer, K. (Hg.), Wie viele Leben hat Schrödingers Katze? Heidelberg 1996.

Balzer, K./Enke, W./Wehry, W., Wettervorhersage, Berlin 1998.

Bartels, Andreas, Grundprobleme der modernen Naturphilosophie, Paderborn 1996.

Baumann, Kurt/Sexl, Roman U. (Hg.), Die Deutungen der Quantentheorie, Braunschweig/Wiesbaden 1987.

Bell, John, Über das Problem verborgener Variablen in der Quantentheorie (1966), in: K. Baumann/R.U.Sexl. (Hg.), Die Deutungen der Quantentheorie, Wiesbaden 1987.

Benz, Arnold, Die Zukunft des Universums, Düsseldorf 1998.

Blaschen, S., Qualität, in: Joachim Ritter und Karlfried Gründer (Hg.), Historisches Wörterbuch der Philosophie, Bd. 7, Basel 1989, S. 1784-1753.

Böhme, Gernot, Einführung in die Philosophie, Frankfurt a.M. 1998.

Bohr, Niels, Wirkungsquantum und Naturbeschreibung (1929), in: ders., Foundations of Quantum Physics I (1926-1932), Niels Bohr Collected Works, vol. 6, Jørgen Kalckar (Ed.), Amsterdam/New York/Oxford/Tokyo 1985, S. 203-206.

Bohr, Niels, The Quantum Postulate and the Recent Development of Atomic Theorie [1], [2], [3], [4], in: ders., Foundations of Quantum Physics I (1926-1932), Niels Bohr Collected Works, vol. 6, Jørgen

Kalckar (Ed.), Amsterdam/New York/Oxford/Tokyo 1985, S. 89-98, S. 107-108, S. 109-146, S. 147-158.

Bohr, Niels, Can Quantum-mechanical Description of Physical Reality Be Considered Complete? (1935), in: ders., Foundations of Quantum Physics II (1933-1958), Niels Bohr Collected Works, vol. 7, Jørgen Kalckar (Ed.), Amsterdam/Lausanne/New York/Oxford/Schannon/Tokyo 1996, S. 292-298.

Bohr, Niels, Kann man die quantenmechanische Beschreibung der physikalischen Wirklichkeit als vollständig betrachten? (1935), übers. v. G. Becker-Bender, in: Kurt Baumann/ Roman U. Sexl (Hg.), Die Deutungen der Quantentheorie, Braunschweig/Wiesbaden 1987, S. 87-97.

Bohr, Niels, Quantum Physics and Philosophy, in: ders., Foundations of Quantum Physics II (1933-1958), Niels Bohr Collected Works, vol.7, Jørgen Kalckar (Ed.), Amsterdam/Lausanne/New York/Oxford/Schannon /Tokyo 1996, S. 385-394.

Bohr, Niels, Wirkungsquantum und Naturbeschreibung, in: Die Naturwissenschaften 17, 1929.

Breuer, Hans, dtv-Atlas zur Physik, Bd.1, München 2000.

Breuer, Reinhard, Die Pfeile der Zeit, München 1984.

Briggs, J./Peat, F.D., Die Entdeckung des Chaos, München 2001.

Brunner, Romuald G., Wie das Leben entstand oder Geheimnis des Lebens, Berlin 1996.

Brush, Stephen G., The Kind of Motion: We call Heat, New York 1976.

Burger, Paul, Die Einheit der Zeit und die Vielheit der Zeiten, Würzburg 1993.

Burke, B./Hubbard, J., Gesetze und Ordnung im Universum, in: Spektrum der Wissenschaft, Dez. 1994.

Carnap, Rudolf, Einführung in die Philosophie der Naturwissenschaft, München 1989.

Coveney, Peter/Highfield, Roser, Anti-Chaos, Hamburg 1994.

Cramer, Friedrich, Der Zeitbaum, Leipzig 1996.

Cramer, Friedrich, Symmetriebrüche und Zeitbrüche, in: W. Hahn /P. Weibel (Hg.), Evolutionäre Symmetrietheorie, Stuttgart 1996.

Crutchfield, James P./Farmer, J. D./Packard, N. H./Shaw, R., Chaos, in: Spektrum der Wissenschaft, Feb. 1987.

Darwin, Charles, The Origin of Species, New York 1996.

Davies, Paul C. W. (Hg.), The New Physics, New York 1989.

Davies, Paul C. W./Brown, J. (Hg.), Der Geist im Atom, Berlin 1988.

Dennett, Daniel C., Darwins gefährliches Erbe, Hamburg 1997.

Devlin, Keith, Sternstunden der modernen Mathematik, München 1990.

Drieschner, Michael, Einführung in die Naturphilosophie, Darmstadt 1981.

Düring, Ingemar, Aristoteles, Heidelberg 1966.

Dürr, Hans-Peter, Neuere Entwicklung in der Hochenergiephysik – Das Ende des Reduktionismus?, in:A. Dress (Hg.), Selbstorganisation, München 1986.

Ebeling, Werner, Chaos-Ordnung-Information, Frankfurt a.M. 1991.

Ebeling, Werner/Freund, Jan/Schweitzer Frank (Hg.), Komplexe Strukturen : Entropie und Information, Stuttgart 1998.

Eigen, Manfred, Jenseits von Ideologien und Wunschdenken, München 1991.

Eigen, Manfred, Stufen zum Leben, München 1987.

Einstein, Albert, Aus meinen späten Jahren, 2. Aufl. Stuttgart 1979.

Einstein, Albert, Mein Weltbild, Amsterdam 1934.

Einstein, Albert, Physics and Reality, in: Journal of the Franklin Institute, 221 (1936).

Einstein, Albert/Infeld, Leopold, Physik als Abenteuer der Erkenntnis, Leiden 1949.

Einstein, Albert/Infeld, Leopold, Die Evolution der Physik, Von Newton bis zur Quantentheorie, übers. v. Werner Preusser, 12. Aufl. Hamburg 1970.

Einstein, Albert/Podolsky, Boris/Rosen, Nathan, Can Quantum-Mechanical Description of Physical Reality Be Considered Complete?, in: Physical Review 47 (1935), S. 777-780.

Einstein, Albert/Podolsky, Boris/Rosen, Nathan, Kann man die quantenmechanische Beschreibung der physikalischen Wirklichkeit als vollständig betrachten? (1935), übers. v. G. Becker-Bender, in: Kurt Baumann/Roman U. Sexl (Hg.), Die Deutungen der Quantentheorie, Braunschweig/Wiesbaden 1987, S. 87-97.

Ekeland Ivar, Chaos, Gladbach 1995.

Ekeland, Ivar, Das Vorhersagbare und das Unvorhersagbare, Frankfurt a.M. 1989.

Englert, B./Sculy, M.O./Wolfer, H., Komplementarität und Welle –Teilchen Dualismus, in: Spektrum der Wissenschaft, Feb. 1995.

Ewert, Klaus D., Die physikalischen Zwangsläufigkeiten des Kosmos, Haselünne 1985.

Fahr, Hans J., Zeit und kosmische Ordnung, München 1995.

Falk, Gottfried, Physik: Zahl und Realität, Basel 1990.

Feynman, Richard P., Vom Wesen der physikalischen Gesetze, München 2000.

Feynman, Richard P., Vorlesungen über Physik, Bd. I, München 1987.

Feynman, Richard P., Vorlesungen über Physik, Bd. III, München 1988.

Fischer, Klaus, Einstein, Freiburg 1999.

Fischer, Klaus, Evolution in Natur, Kultur und Denken, Sommersemester 1998 an der Uni. Trier (unveröffentlicht).

Fischer, Klaus, Galileo Galilei, München, 1983.

Fischer, Klaus, Isaac Newton und das verlorene Wissen der Alten: Auf der Suche nach den inneren Kräften der Natur, in: Richard van Dülmen/Sina Rauschenbach (Hg.), Denkwelten um 1700. Zehn intellektuelle Profile (Soderdruck), Köln/Weimar/Wien 2002.

Fließbach, Torsten, Mechanik, Heidelberg 1999.

Genz, Henning, Wie die Zeit in die Welt kam, Hamburg 1999.

Gierer, Alfred, Die gedachte Natur. Ursprünge der modernen Wissenschaft, Hamburg 1998.

Gleick, James, Chaos, München 1988.

Greschik, Stefan, Das Chaos und seine Ordnung, München 1998.

Greulich, Walter (Hg.), Lexikon der Physik Bd.1, Heidelberg 1998.

Gribbin, John, Schrödingers Kätzchen und die Suche nach der Wirklichkeit, Frankfurt a.M. 1996.

Hager, F. P., Quantität, in: Joachim Ritter und Karlfried Gründer (Hg.), Historisches Wörterbuch der Philosophie, Bd. 7, Basel 1989, S. 1792-1796.

Haken, Hermann/Wunderlin, Arne, Synergetik, in: A. Dress/H. Hendrichs/ G. Küpper (Hg.), Selbstorganisation – Die Entstehung von Ordnung in Natur und Gesellschaft, München 1986.

Haken, Hermann, Erfolgsgeheimnisse der Natur, Stuttgart 1981.

Haken, Hermann, Synergetik: Vom Chaos zur Ordnung und weiter ins Chaos, in: Ordnung und Chaos in der unbelebten und belebten Natur, Verhandlung der Gesellschaft deutscher Naturforscher und Ärzte, 115. Versammlung, Stuttgart 1998.

Haken, Hermann/Pelster, A., Über die Rolle der Symmetriebrechung bei der Selbstorganisation, in: W. Hahn/P. Weibel (Hg.), Evolutionäre Symmetrietheorie, Stuttgart 1996.

Hawking, Stephen W., Eine kurze Geschichte der Zeit, Hamburg 1988.

Heiden, Uwe an der, Chaos und Ordnung, Zufall und Notwendigkeit, in: G. Küppers (Hg.),Chaos und Ordnung, Stuttgart 1997.

Heisenberg, Werner, Der Teil und das Ganze, München 1972.

Heisenberg, Werner, Das Naturbild der heutigen Physik, Hamburg 1955.

Heisenberg, Werner, Die Entwicklung der Deutung der Quantentheorie, in: K. Baumann/R.U. Sexl, (Hg.), Die Deutungen der Quantentheorie, Wiesbaden 1987.

Heisenberg, Werner, Physik und Philosophie. 2.Aufl. Stuttgart 1972.

Heisenberg, Werner, Quantentheorie und Philosophie, hrsg. v. Jürgen Busche, Stuttgart 1978.

Heisenberg, Werner, Schritte über Grenzen, Gesammelte Reden und Aufsätze, 2. Aufl. München 1973.

Heisenberg, Werner, Wandlungen in den Grundlagen der Naturwissenschaft, Stuttgart 1947.

Held, Carsten, Die Bohr-Einstein-Debatte, Paderborn 1998.

Herbert, Nick, Quantum Reality. Beyond the New Physics, New York/London/Toronto/Sydney/Auckland 1987.

Hermann, Armin (Hg.), A. Einstein M. Born Briefwechsel, Stuttgart1968.

Hess, B./Markus, M., Chemische Uhren, in: A. Dress/H. Hendrichs /G. Küppers, (Hg.), Selbstorganisation, München 1986.

Hey, Tony/Walters, Patrick, Das Quantenuniversum, Heidelberg 1998.

Hirschberger, Johannes, Geschichte der Philosophie, I. Teil, Freiburg 1981.

Holte, John, Chaos, in: Nobel Conference XXVI, London, 1990.

Hörz, Herbert, Zeit, in: Hans Jörg Sandkühler(Hg.), Europäische Enzyklopädie zu Philosophie und Wissenschaftsen, Bd. 4, Hamburg 1990, S. 969-985.

Hund, Friedrich, Geschichte der Quantentheorie, Zürich 1975.

Jammer, Max, The Conceptual Development of Quantum Mechanics, Hannover 1988.

Jammer, Max, The Philosophy of Quantum Mechanics, New York 1974.

Jantsch, Erich, Design for Evolution, New York 1975.

Jantsch, Erich, Die Selbstorganisation des Universums, München 1979.

Jupe K./Ludwig, M. (Hg.), Mechanik, Thermodynamik, Frankfurt a.M. 1995.

Kaneko, K./Isuda, I., Complex Systems: Chaos and Beyond, Berlin 2001.

Kanitscheider, Bernulf (Hg.), Moderne Naturphilosophie, Würzburg 1984.

Kanitscheider, Bernulf, Das Weltbild Albert Einsteins, München 1988.

Kanitscheider, Bernulf, In Innern der Natur, Darmstadt 1996.

Kanitscheider, Bernulf, Philosophie und moderne Physik, Stuttgart 1978.

Kanitscheider, Bernulf, Von der mechanistischen Welt zum kreativen Universum, Darmstadt 1993.

Kaulbach, F., Bewegung, in: Joachim Ritter (Hg.), Historisches Wörterbuch der Philosophie, Bd. 1, Basel/Stuttgart 1971, S. 864-869.

Kinnebrock, Werner, Bedeutende Theorien des 20. Jahrhunderts, München 1999.

Kirchhoff, Jochen, Räume, Dimensionen, Weltmodelle, München 1999.

Knudsen, Jens M./Hjorth, P.G., Elements of Newtonian Mechanics, New York 2000.

König, G., Denkökonomie, in: Joachim Ritter (Hg.), Historisches Wörterbuch der Philosophie, Bd. 2, Basel/Stuttgart 1972, S. 108-109.

Kreiner, Welf A., Entropie – Was ist das?, Ulm 2000.

Kuhn, Thomas S., Die Struktur wissenschaftlicher Revolutionen, Frankfurt a. M. 1990.

Küppers, Bernd-Olaf (Hg.), Ordnung aus dem Chaos, München 1987.

Küppers, Bernd-Olaf, Der Ursprung biologischer Information, München 1986.

Küppers, Günter (Hg.), Chaos und Ordnung, Stuttgart 1997.

Küppers, Günter, Chaos: Unordnung im Reich der Gesetze, in: ders. (Hg.), Chaos uns Ordnung, Stuttgart 1997.

Küppers, Günter/Paslack, R., Die natürlichen Ursachen von Ordnung und Organisation, in: G. Küppers (Hg.), Chaos und Ordnung, Stuttgart 1997.

Lorenz, Edward N., Deterministic Nonperiodic Flow, in: Journal of the Atmospheric Science, vol. 20, 1962.

Mach, Ernst, Erkenntnis und Irrtum, Darmstadt 1968.

Mahnke, Reinhard/Schmelzer, J./Röpke, G., Nichtlineare Phänomene und Selbstorganisation, Stuttgart 1992.

Mainzer, Klaus, Hawking, Freiburg 2000.

Mainzer, Klaus, Naturwissenschaft, in: Jürgen Mittelstraß (Hg.), Enzyklopädie Philosophie und Wissenschaftstheorie, Bd. 2, Mannheim/Wien /Zurich 1984, S. 977-979.

Mainzer, Klaus, Symmetrien der Natur, Berlin 1988.

Mainzer, Klaus, Zeit, München 1999.

Mainzer, Klaus/Schirmacher, W. (Hg.), Quanten, Chaos und Dämonen, Mannheim 1994.

Mandelbrot, Benoit B., Die fraktale Geometrie der Natur, Basel 1987.

Marsden, Jerrold E./Weinstein, A., Calculus I, New York 1985.

Martienssen, Werner (unter Mitarbeit von Krüger, U./Bauer, M./Heng, M.), Gesetz und Zufall in der Natur, in: Ordnung und Chaos in der unbelebten und belebten Natur, Verhandlung der Gesellschaft deutscher Naturforscher und Ärzte, 115. Versammlung, Stuttgart 1998.

Martínez, Gustavo Bueno, Naturwissenschaften, in: Hans Jörg Sandkühler (Hg.), Europäische Enzyklopädie zu Philosophie und Wissenschaften Bd. 3, Hamburg 1990, S. 533-545.

Merleau-Ponty, Maurice, Der Mechanismus, in: Bernulf Kanitscheider (Hg.), Moderne Naturphilosophie, Würzburg 1984.

Mittelstaedt, Peter, Der Zeitbegriff in der Physik, Zürich 1976.

Mittelstaedt, Werner, Der Chaos-Schock und die Zukunft der Menschheit, Frankfurt a.M. 1997.

Mittelstaedt, Werner, Zukunftsgestaltung und Chaostheorie, Frankfurt am Main 1993.

Mittelstraß, Jürgen, Werden, in: ders. (Hg.), Enzyklopädie Philosophie und Wissenschaftstheorie, Bd.4, Stuttgart/Weimar 1996. S. 659-661.

Mocek, Reinhard, Ein biologisches Grundproblem, in: G. Küppers, (Hg.), Chaos uns Ordnung, Stuttgart 1997.

Mocek, Reinhard, Ganzheit und Selbstorganisation: Auf den Spuren eines biologischen Grundproblems, in: G. Küppers (Hg.), Chaos und Ordnung, Stuttgart 1997.

Mocek, Reinhard, Natur, in: Hans Jörg Sandkühler (Hg.), Europäische Enzyklopädie zu Philosophie und Wissenschaften, Bd.3, Hamburg 1990, S. 508-515.

Morfill, Gregor E./Scheingraber, H., Chaos ist überall und es funktioniert, Frankfurt a.M. 1991.

Muschik, Wolfgang, Wandel des physikalischen Zeitbegriffs, in: Heinz Burger (Hg.), Zeit, Natur und Menschen, Berlin 1986.

Mussmann, Frank, Komplexe Natur–Komplexe Wissenschaft; Selbstorganisation, Chaos, Komplexität?, Opladen 1995.

Mutschler, Hans-Dieter, Naturphilosophie, Stuttgart 2002.

Neuser, Wolfgang, Natur und Begriff, Stuttgart 1995.

Newton, Isaac, Mathematische Grundlagen der Naturphilosophie, übers. v. Ed Dellian, Hamburg 1988.

Newton, Issac, Optics; or A Treatise of the Reflections, Refractions, Inflections & Colours of Light, Question 31, With a Foreword by Albert Einstein, An Introduction by Sir Edmund Whittaker, A Preface by I. Bernard Cohen. And an Analytical Table of Contents prepared by Duane H. D. Roller, New York 1979.

Norris, Christopher, Quantum Theory and the Flight from Realism, New York 2000.

Oittinen, Vesa, Gegenstand, in: Hans Jörg Sandkühler (Hg.), Europäische Enzyklopädie zu Philosophie und Wissenschaften, Bd.2, Hamburg 1990, S. 250-255.

Peak, D./ Frame, M., Komplexität: Das gezähmte Chaos, Basel 1995.

Peitgen, Heinz-Otto/Jürgens, H./Saupe, D., Bausteine des Chaos - Fraktale, Berlin 1998.

Peitgen, Heinz-Otto/Jürgens, H./Saupe, D., Chaos - Bausteine der Ordnung, Berlin 1994.

Penrose, Roger, Quantentheorie und Raumzeit, in: Hawking, Stephen W., Raum und Zeit, Die illustrierte kurze Geschichte der Zeit, Hamburg 2000.

Polikarov, Asari, Einsteins philosophischer Realismus in: W.Muschik (Hg.), Philosophie, Physik, Wissenschaftsgeschichte, Stuttgart 1989.

Prigogine, Ilya/Stengers, I., Das Paradox der Zeit, München 1993.

Prigogine, Ilya, Dialog mit der Natur, München 1983.

Prigogine, Ilya, Die Erforschung des Komplexen, München 1987.

Prigogine, Ilya, Die Gesetze des Chaos, Frankfurt a.M. 1995.

Prigogine, Ilya, The End of Certainty, New York 1997.

Prigogine, Ilya, Vom Sein zum Werden, München/Zürich 1982.

Rae, Alastair, Quantenphysik, Illusion oder Realität, Stuttgart 1996.

Reichenbach, Hans, Der Aufstieg der wissenschaftlichen Philosophie, Berlin 1968.

Rennert, Peter/Schmiedel Herbert (Hg.), Physik, Mannheim/Leipzig 1995.

Richter, Peter H./Scholz, Hans-Joachim, Der Goldene Schnitt in der Natur, in: Bernd-Olaf Küppers (Hg.), Ordnung aus dem Chaos, München 1987.

Robert, Raoul, Das Ende des Schmetterlingseffekts, in: Spektrum der Wissenschaft, Nov. 2001.

Rosenfeld, Léon, The Measuring Process in Quantum Mechanics, in: Selected Papers of Léon Rosenfeld, ed. Robert C. Cohen and John J. Stachel, Dordrecht/Boston/London 1965.

Röthlein, Brigitte, Schrödingers Katze, München 2000.

Ruelle, David, Zufall und Chaos, Berlin 1994.

Schmidt, J.C., Was umfasst heute Physik? Aspekte einer nachmodernen Physik, in: Philosophia naturalis, Bd. 38, 2001.

Schommers, Wolfram, Zeit und Realität, Wesel 1997.

Schrödinger, Erwin, Die gegenwärtige Situation in der Quantenmechanik, in: Kurt Baumann/Roman U. Sexl (Hg.), Die Deutungen der Quantentheorie Wiesbaden 1987.

Schuster, Heinz Georg, Chaos, in: Lexikon der Physik, Bd.I, Stuttgart 1996.

Selleri, Franco, Die Debatte um die Quantentheorie, Wiesbaden 1990.

Sfendoni-Montzou, Demetra, Models of change; a common ground for ancient Greek philosophy and modern science, in: Pantelis Nicolacopoulos (Hg.), Greek Studies in the Philosophy and History of Science, Boston/London 1990.

Sholtz, G., Sprung, in: Joachim Ritter und Karlfried Gründer (Hg.), Historisches Wörterbuch der Philosophie, Bd. 9, Basel 1995, S. 1541-1550.

Simonyi, Károly, Kulturgeschichte der Physik, Frankfurt a.M. 1995.

Springer, Michael, Katz und Maus à la Schrödinger, in: Spektrum der Wissenschaft, Feb. 1997.

Springer, Michael, Schrödingers Kätzchen oder: Wie groß ist die Quantenwelt?, in: Spektrum der Wissenschaft, Aug. 1996.

Stapp, Henry P., The Copenhagener Interpretation, in: American Journal of Physics, vol.40, 1972.

Stauffer, Dietrich/Stanley, Eugene H., From Newton to Mandelbrot, Berlin 1996.

Stegmüller, Wolfgang, Wissenschaftliche Erklärung und Begründung, in: Probleme und Resultate der Wissenschaftstheorie und analytischen Philosophie, Bd.I, Heidelberg 1974.

Thomsen, Christian, Ein Jahr für die Physik: Newton, Feynman und andere, Berlin 1998.

Tipler, Frank J., Die Physik der Unsterblichkeit, München 1994.

Trapp, Wolfgang, Kleines Handbuch der Maße, Zahlen, Gewichte und der Zeitrechnung, Stuttgart 2001.

Vogel, G. Helmut, Physik, Berlin 1995.

Vollmer, Gerhard, Ordnung ins Chaos? Zur Weltbildfunktion wissenschaftlicher Erkenntnis, Naturwissenschaftliche Rundschau 41.

Weinberg, S., Newtonianism and today's Physics, in: S.W. Hawking /W. Israel (Hg.), Three Hundred Years of Gravitation, New York/Cambridge 1987.

Weizsäcker, C. F. V., Die Einheit der Physik als konstruktive Aufgabe, in: Erkenntnisprobleme der Naturwissenschaften, Lorenz Krüger (Hg.), Köln/Berlin 1970.

Wyss, Dieter, Vom zerstörten zum wiederentdeckten Leben, Göttingen 1986.

Yam, Philip, Das zähe Leben von Schrödingers Katze, in: Spektrum der Wissenschaft, Nov. 1997.

Helmut Schneider (Hrsg.)

# Sich in Freiheit entlassen

**Natur und Idee bei Hegel**
**Internationaler Arbeitskreis zu Hegels Naturphilosophie**

Frankfurt am Main, Berlin, Bern, Bruxelles, New York, Oxford, Wien, 2004.
205 S.
Hegeliana. Studien und Quellen zu Hegel und zum Hegelianismus.
Herausgegeben von Helmut Schneider. Bd. 17
ISBN 3-631-52386-6 · br. € 35.30*

Das Verhältnis von Natur und Idee ist für jede idealistische Philosophie ein Kernpunkt ihres Ansatzes. Hegel bestimmte die Natur als das Andere der Idee, die sich in Freiheit als Natur aus sich entläßt. In der Natur zeigen sich die logischen Strukturen verhüllt und im Abbild, z. B. die Naturgesetze und die logischen Beziehungen. Auch die Kategorie des Lebens in Hegels Logik belegt die enge Verbindung von Natur und Logik. Die Entäußerung der Idee in der Natur gehört zum Wesen der Idee auf ihrem Weg zum Geist. Diese Thematik wird in acht Beiträgen von bekannten Hegelforschern unter verschiedenen Aspekten bearbeitet. Sie verstehen die Sicht Hegels als einen bedeutenden Entwurf, der die Einheit der Wirklichkeit unter dem Vorzeichen der Idee zur Geltung bringt.

*Aus dem Inhalt*: Helmut Schneider: Einleitung · Wolfgang Neuser: Hegels Deutung der Naturgesetzlichkeit als Logik der Natur · Klaus J. Schmidt: Die logische Struktur der Natur · Olaf Breidbach: Zur Frage der Notwendigkeit einer Deduktion des Naturalen in der Perspektive der Hegelschen Logik · Bernd Braßel: Das Verhältnis von Logik und Natur bei Hegel · Dieter Wandschneider: Zur Dialektik des Übergangs von der absoluten Idee zur Natur. Eine Skizze · Cinzia Ferrini: Knowing Phenomena: The Quest for Truth in Hegel's *Philosophy of Nature* · Pirmin Stekeler Weithofer: Gehört das Leben in die Logik? · Annette Sell: Das Leben in der *Wissenschaft der Logik*

FSC
www.fsc.org
MIX
Papier | Fördert
gute Waldnutzung
FSC® C083411

Kolibri 360 GmbH
Ferdinand-Jühlke-Straße 7
99095 Erfurt, Deutschland
produktsicherheit@kolibri360.de

Druck:
CPI Druckdienstleistungen GmbH
im Auftrag der
Kolibri 360 GmbH
Ferdinand-Jühlke-Str. 7
99095 Erfurt